2017年度广东省水利科技创新项目（项目编号：2017-02）

U0226823

基于水权交易的广东省东江流域生态补偿机制研究

郑国权　秦蓓蕾　赖国友　著

兰州大学出版社
LANZHOU UNIVERSITY PRESS

图书在版编目（ＣＩＰ）数据

基于水权交易的广东省东江流域生态补偿机制研究 /
郑国权，秦蓓蕾，赖国友著. -- 兰州 ：兰州大学出版社，
2020.11
ISBN 978-7-311-05837-1

Ⅰ．①基… Ⅱ．①郑… ②秦… ③赖… Ⅲ．①珠江流
域－生态环境－补偿机制－研究－广东 Ⅳ.
①X321.265

中国版本图书馆CIP数据核字(2020)第238508号

责任编辑　陈红升
封面设计　汪如祥

书　　名　基于水权交易的广东省东江流域生态补偿机制研究
作　　者　郑国权　秦蓓蕾　赖国友　著
出版发行　兰州大学出版社　（地址:兰州市天水南路222号　730000）
电　　话　0931-8912613(总编办公室)　0931-8617156(营销中心)
　　　　　0931-8914298(读者服务部)
网　　址　http://press.lzu.edu.cn
电子信箱　press@lzu.edu.cn
印　　刷　西安日报社印务中心
开　　本　710 mm×1020 mm　1/16
印　　张　9.75(插页2)
字　　数　200千
版　　次　2020年11月第1版
印　　次　2020年11月第1次印刷
书　　号　ISBN 978-7-311-05837-1
定　　价　35.00元

（图书若有破损、缺页、掉页可随时与本社联系）

前　言

　　生态环境问题作为与人类社会关系最紧密的一种伴生现象，其受重视的程度随着人类社会的发展而不断突出。在诸多生态环境问题中，流域水资源问题随着世界人口的持续增长以及城镇化的迅速发展已经逐渐演变成全球关注的焦点。进入21世纪以来，经济社会发展对流域水资源的需求持续增长，流域水资源破坏以及供给不足的问题呈现出负面影响大、辐射范围广、持续时间长和发生频率高的趋势和特点。水资源危机成为人类在21世纪所面临的重大挑战之一。中国幅员辽阔，广袤的国土上分布着诸多河流与湖泊，流域水资源十分丰富。但由于人口众多，中国的人均流域水资源占有量相对不足，流域水资源分布不均，地区差异较大，水资源分布呈现明显的南多北少分布格局。同时，随着经济发展水平的不断提升以及人口的持续增加，全社会对环境资源的开发力度和需求程度进一步加大，因水资源过度开发而导致的水资源短缺、水质污染与水土流失等各类水资源生态问题日益严重。如何有效保护和合理开发流域水资源，并保证流域水资源与经济协调发展是目前我国各地区面临的重要挑战。

　　生态补偿是一种有效的环境资源保护与生态治理修复方法，以保护和可持续利用生态资源为目的，通过平衡利益分配来合理调节经济社会发展过程中资源环境利用主体间的利益关系，以此实现生态资源的可持续利用和经济可持续发展。生态补偿作为一种解决生态环境问题的政策工具箱，在国内外实践中已经取得了显著效果。各国政府与国内外学界对于将生态补偿应用到流域水资源保护领域已经达成了普遍共识，可以通过构建流域生态补偿机制来解决日益严峻的流域水资源生态问题。

　　东江是广东省四大水系之一，发源于江西省寻乌县桠髻钵山。东江自赣州南部进入广东省，流向为自东北向西南，流经广东省境内，经河源、增城等县市后注入狮子洋。东江流域是广东省河源、惠州、广州、东莞、深圳等地市的主要供水水源，同时还担负向香港供水的重要任务，在全省政治、社会、经济中具有举足轻重的地位，东江水是重要的"政治水、经济水、生命水"。广东省境内东江流域面积较大，区域内部生态系统服务功能和生态环境问题较复杂。随着经济社会的快速发展，东江流域水资源日趋紧缺，区域用水矛盾日益尖锐。东江流域用水迅速增加，水资源供需矛盾加剧，地区之间出现了争水问题，水环境和河流生态受到威胁，流域水资源合理利用和生态安全面临严峻挑战。2014年7月，水利部将广东省列为全国七个水权试点省区之一，明确广东省重点在东江流域上下游开展水权交易，旨在为全国推进水权制度建设提供经验和示范作用。2015年水利部与广东省联合批复《广东省水权试点方案》，广东水权试点工作已进入实施阶段。2016年12月广东省人民政府令第228号公布实施《广东省水权交易管理试行办法》。国务院办公厅于2016年下发了《关于健全生态保护补偿机制的意见（国办发〔2016〕31号）》（以下简称《意见》），其中提出要在江河源头区、集中式饮用水水源地、重要河流敏感河段和水生态修复治理区、具有重要饮用水源或重要生态功能的湖泊等地区"全面开展生态保护补偿，适当提高补偿标准，加大水土保持生态效益补偿资金筹集力度。"《意见》要求完善生态区域补偿机制，健全配套制度体系，创新政策协同机制，不断提升生态保护成效。

2016年10月，联合兰州大学申请广东省水利厅2017年度广东省水利科技创新一般项目《基于水权交易的广东省东江流域生态补偿机制研究》获得立项。本项目基于广东省水利科技需求，在科学地理解生态系统服务功能及其价值，生态、经济与社会效益多重标准的基础上，系统分析广东省东江流域生态现状与生态补偿方式，构建流域生态补偿机制及生态补偿绩效评价体系，建立基于水权交易的流域生态补偿方案，对保护广东省东江流域生态环境、实现广东省东江流域沿线城市水资源的可持续利用、促进地区生态文明建设与资源环境保护都具有重要的推动作用。本课题研究成果《基于水权交易的广东省东江流域生态补偿机制研究报告》，立足于广东省东江流域生态补偿的迫切需求，以广东省现有水权交易体系为基础，科学梳理国内外流域生态补偿现有理论研究，系统分析广东省东江流域生态补偿现状，借鉴国内外水权交易的技术方法与生态补偿先进经验，以广东省水权交易体系为依托，构建基于水权交易的水资源利用生态补偿绩效评价体系及实施生态补偿的有效方案。

目　录

1 研究背景与意义

1.1 研究背景

流域是全球生态系统中最重要的组成部分之一，是淡水的最大来源。千百年来，流域滋养大地、灌溉农田、发展工业，堪称人类文明的摇篮。在世界的东方，黄河、长江流域曾经共同孕育了辉煌灿烂的中华五千年文明。虽然中国的淡水资源总量居于世界前列，但由于水资源分布不均、人口基数大、加之长期的过度开发和日益严重的流域污染问题，使得中国人均水资源占有量只有世界平均水平的28%，是全球人均水资源最为贫乏的国家之一。

随着世界各国政府对流域生态环境及流域水资源问题的关注程度不断提高，人们逐渐意识到流域水资源与经济社会发展之间相互影响与制约的动态关系。首先，水作为一种兼具自然资源和经济资源特性的重要资源，是人类生存与经济社会发展的基本要素；其次，人类经济社会发展难免对流域的生态环境和水体本身带来消极影响；最后，水系具有时空连续分布的特征，流域内上游区域和下游区域被联系成为一个关系紧密的经济、社会和生态复合系统，流域上下游区域以水资源为纽带彼此间相互联系、相互制约、相互影响。由于流域往往分属不同的行政管辖区域，造成了流域上下游之间在水资源的开采、分配、利用过程中易产生利益冲突，导致跨行政区域的流域生态环境污染、破坏的加剧以及流域水资源供需矛盾的加深，可能引发严重的社会问题和生态危机。

面对日益严峻的生态问题，生态补偿制度作为一种处理世界生态环境问题的"政策工具箱"被广泛关注和应用，建立起一套有效的生态补偿制度已经成为国内外学界和各国政府间的一项共识。党的十八大着重强调"积极开展节能量、碳排放权、排污权、水权交易试点"、十八届三中全会明确提出"要健全自然资源资产产权制度和用途管制制度，划定生态保护红线，实行资源有偿使用制度和生态补偿制度，改革生态环境保护管理体制。"生态补偿的核心内容是如何科学有效地处理生态环境的保护方与受益方、以及破坏方与受害方之间的利益协调问题。针对流域生态问题，生态补偿通过构建一种机制，实现流域生态保护外部性的内部化，使流域生态保护成果的受益方能够向流域生态保护投资方支付一定的费用，恢复流域生态环境的基本功能，确保流域水资源等生态资源与服务的足额供给，并以有效的激励约束机制确保流域上下游相关主体履行生态补偿和生态保护职责的积极性与主动性。因此，建立起一套行之有效的流域生态补偿机制是解决流域生态保护与经济社会发展之间矛盾，推进流域水资源合理高效配置的有效方法；同时也是实现协调流域不同行政管辖区域利益，推动流域生态保护与补偿、开发与利用全局的有效模式。

广东省经济发展迅速，人口众多，主要水系以珠江流域（东江、西江、北江和珠江三角洲）、韩江流域和粤东沿海、粤西沿海诸河为主。东江是珠江流域三大水系之一，也是河源、惠州、广州、东莞、深圳等地市的主要供水水源，随着人口快速增长和经济社会的高速发展，广东省东江流域水资源被过度开发利用，产生了诸多生态和环境问题，资源环境约束加剧。2016年，国务院办公厅发布《关于健全生态保护补偿机制的意见》（国办发〔2016〕31号），要求在江河源头区、集中式饮用水水源地、重要河流敏感河段和水生态修复治理区、具有重要饮用水源或重要生态功能的湖泊等地区"全面开展生态保护补偿，适当提高补偿标准，加大水土保持生态效益补偿资金筹集力度。"2016年以来，我国新安江、九洲江、汀江—韩江等流域逐步建立了跨省界上下游横向生态补偿机制；北京、山西、浙江等省在行政区内开展了流域生态补偿。2016年，广东先后与广西、福建、江西签署水环境补偿协议，建立起九洲江流域、汀江—韩江流域、东江流域上下游横向水环境补偿机制；2018年，广东省在东江流域开展试点，探索建立省内流域上下游横向生态保护补偿机制；2019年，广东省发改委发布《广东省关于加快推进生态保护补偿重点工作任务（2019—2020年）》，提出要加快建立市场化补偿机制，完善水权交易补偿机制，"合理确定区域取用水总量和权益，培育和规范水权交易市场，对用水总量达到或超过区域总量控制指标的地区，通过水权交易解决新增用水需求。"水权交易成为广东省建设生态补偿机制的重要市场化手段。

由于自然资源状况与迫切的市场需求，广东省高度重视水权交易制度建设。2008年、2012年广东省先后颁布实施《广东省东江流域水资源分配方案》《广东省实行最严格水资源管理制度考核暂行办法》，为水权交易制度建设提供先行制度保障。2013年，广东省政府发布《广东省东江流域深化实施最严格水资源管理制度的工作方案》，提出"先行探索建立流域水权转让制度"；广东省政府印发《2013年省政府重点工作督办方案》（粤办函〔2013〕96号），提出要"探索试行水权交易制度"；广东省水利厅组织开展《广东省水权交易制度研究》，初步构建了广东省水权交易制度的基本框架和顶层设计。2014年，水利部印发《水利部关于开展水权试点工作的通知》，将广东列为全国七个水权试点省区之一，广东省试点区域重点在东江流域开展流域上下游水权交易，以广东省产权交易集体为依托，组建省级交易平台，合理制定水权交易规则与流程，鼓励东江流域上下游区域与区域之间开展水权交易；广东省委、省政府在《广东省贯彻落实党的十八届三中全会精神2014年若干重要改革任务要点》（粤办发〔2014〕1号）中进一步提出将水权交易制度建设纳入全面深化改革的重点工作。2015年水利部与广东省联合批复《广东省水权试点方案》，广东水权试点工作进入实施阶段。2016年，广东省人民政府令第228号公布实施《广东省水权交易管理试行办法》。近年来，广东省大力推动水权交易制度建设，建立了东江流域水权确权机制，完成了东江流域惠州——广州区域间水权交易，启动了东江上游河源市和下游广州市区域间的水权交易，探索了省级储备水权向东江流域内深圳市和东莞市有偿配置试点，完成《东江流域典型农业灌渠水权确权及节水潜力研究》，广东省东江流域已具备建立市场化流域生态补偿机制的前期基础。

本研究基于广东省水权交易实施进展，结合广东省东江流域水环境特点以及国内外流域生态补偿实践，构建基于水权交易的广东省东江流域生态补偿机制，尝试破解广东省东江流域经济社会发展与生态环境保护间的矛盾，优化广东省东江流域水资源的配置方式，推动流域内各相关主体利益协调，促进流域生态保护与补偿、开发与利用，为构建基于水权交易的广东省东江流域生态补偿机制提供理论支撑和政策参考。

1.2　研究意义

近年来，流域生态补偿机制建设得到了较大发展，各地都在实践适合本地流域特征的生态补偿方式。东江是珠江水系干流之一，也是广东省重要的四大水系之一，东江干流全长562km，在广东省境内长435km，流域总面积为35340km²，广东省境内面积为31840km²，占流域总面积的90%；东江多年平均地表径流总量为297亿m³，是广州、深圳、河源、惠州、东莞、韶关（新丰）、梅州（兴宁）等地以及香港地区3000余万人的主要供水水源。基于广东省东江流域的自然特征与广东省水权交易试点的制度基础，推进基于水权交易的广东省东江流域生态补偿机制研究，具有以下重要意义：

（1）有利于探索解决广东省东江流域水资源分配的现实出路

本研究基于东江水资源的公共物品属性，探索一种既能发挥政府对水资源的配置优势，避免产生行政外部性；又能发挥市场经济模式的补偿效率，规避不公平的东江流域水权生态补偿机制。广东省生态系统服务提供区生态环境比较脆弱，经济发展水平相对落后，省内东江流域上游地区经济发展与生态保护的矛盾突出。通过界定水资源的使用权，可以引入水权交易政策来调节水的使用，使水资源富裕的地区由于向其他地方输送符合一定标准的水而得到经济补偿，让受益各方共同公平、合理地承担提供生态效益所投入的费用，缓解资金不足，减轻上游地区财政及扶贫脱贫压力，从而为水资源的保护筹集资金。

（2）有利于推进广东省东江流域生态补偿实际工作瓶颈的突破

本研究基于广东省东江流域生态补偿现状，通过对广东省东江流域水资源状况以及生态系统特点分析，在考察相关文献和咨询有关专家的基础上，因地制宜选取广东省东江流域水权生态补偿核算方法。在广东省东江流域水权初始分配的基础上，水权交易生态补偿机制促使广东省东江流域各行政区各负其责、自负其果，既可以保护东江流域生态环境，又能提高东江流域水资源配置效率。广东省已在东江流域建立水资源确权机制，流域内惠州市与广州市已试行水权交易；河源市和广州市水权交易工作，省级储备水权向深圳市和东莞市有偿配置工作均已启动，为东江流域突破生态补偿工作瓶颈提供参考，探索东江流域建立市场化生态补偿机制的可能性。

（3）有利于完善广东省东江流域水权交易机制建设

目前，广东省已先后出台水权交易规章及规范性文件，明确了水权交易的基本要求、监督管理等相关规定，确定取水单位间的交易主要是取水权的交易，规定行政区域间的交易主要是分配给该行政区域的用水水量指标的交易，初步建立了水权交易法规和制度体系。东江流域已建立以用水总量控制为基础，确定取用水户的水资源使用权，明确用水权人、水量指标等相应的权利、责任和义务的水权确权机制。广东省以广东省产权交易集团为依托，以混合所有制形式设立广东省水权交易中心，培育水权交易市场。本次研究基于广东省水权交易机制建设现状，将水权交易作为广东省东江流域生态补偿的市场化手段，尝试解决广东省东江流域生态补偿的现实问题，完善广东省东江流域水权交易体系建设。

（4）有利于实现广东省东江流域和谐持续发展

水是生命之源，是支撑人类工农业生产与社会发展的基础性自然资源，是发展国民经济的战略命脉。但由于水资源区域分布的非均衡性，以及区域经济社会发展的差异性，在水资源的开发利用中，极易出现水资源的调配不合理，水资源保护的责权利不清晰等问题，从而导致区域间的用水矛盾。通过建立基于水权交易的生态补偿机制，可以避免补偿主体单一、补偿主体不明确导致资金补偿力度相应较小，进而对流域周边生态环境的维护工作产生消极作用；避免补偿方式单一而带来的补偿不足，有利于形成整个流域上下游全体用水主体共同保护和有序开发的局面，最后真正实现整个流域的和谐可持续发展。

2 研究内容及技术路线

2.1 研究范围

东江是我国具有代表性的饮用水源型河流,是珠江三角洲经济圈相关大城市以及香港特别行政区的重要饮用水水源,建立和完善广东省东江流域横向生态补偿机制具有典型性、重要性和紧迫性。本研究范围拟定为广东省东江流域及其供水范围,针对流域内经济社会发展的阶段性与地域性特征,重点探讨流域内已经开展水权交易试点区域的水资源、生态系统与生态补偿现状,通过梳理总结国内外生态补偿实践经验,确定水权交易为广东省东江流域生态补偿方式,明确基于水权交易的广东省东江流域生态补偿标准、生态补偿方式及途径,尝试构建以行政区域政府为对象的广东省东江流域生态补偿机制。

2.2 研究内容

本研究基于广东省东江流域水资源、生态系统以及生态补偿现状及存在的问题,通过分析、梳理国内外流域生态补偿实践经验与广东省水权交易机制建设进展,确定水权交易为广东省东江流域生态补偿方式,尝试构建基于水权交易的广东省东江流域生态补偿机制,明确广东省东江流域生态补偿主客体、补偿途径及标准,优化广东省东江流域水权初始分配模式,探索培育基于水权交易的广东省东江流域生态补偿绩效评价体系、市场体系与监管体系,分析得出相关研究结论与建议,对推进流域生态保护与资源有序高效利用具有重要的理论价值和现实意义。

（1）广东省东江流域水资源、生态系统及生态补偿现状分析

本研究基于广东省东江流域相关数据资料，梳理水资源开发利用情况以及流域生态补偿现状，以生态系统服务价值评估广东省东江流域生态系统协调模式，提出广东省东江流域水资源及生态补偿目前面临的问题，为基于水权交易的生态补偿机制研究做好扎实的前期工作。

（2）流域生态补偿理论与国内外流域生态补偿实践梳理

基于以上现状分析，本研究从自然资源与经济学双视角归纳流域生态补偿相关理论，梳理国内外具有代表性的流域生态补偿典型实践，对比不同流域生态补偿方式的特点以及适用性，总结目前已成熟的流域生态补偿的主要方式。结合广东省东江流域自然特征、流域生态补偿现状以及广东省水权交易体系建设工作进展，本研究选择水权交易作为广东省东江流域的生态补偿方式，以市场化手段完善、优化现行广东省东江流域生态补偿模式，探索基于水权交易的广东省东江流域生态补偿机制。

（3）基于水权交易的广东省东江流域生态补偿机制构建

确定水权交易这一市场化程度较高的生态补偿方式后，基于水权交易的广东省东江流域生态补偿机制不仅需要满足流域生态补偿的基本要求，还应兼备水权交易的市场化特性。本研究尝试确定具备水权交易特点的广东省东江流域生态补偿的主客体、初始水权分配、生态补偿途径和补偿标准，界定流域生态补偿机制中的各主体职能，优化初始水权分配模式，构建市场化程度较高、资源配置更为合理的广东省东江流域生态补偿机制。

（4）基于水权交易的广东省东江流域生态补偿绩效评价

确定了适用于广东省东江流域的生态补偿方案后，基于其市场化属性，还需衡量生态补偿方案中交易双方的需求是否满足，是否改善了原有境况，因此需要对该方案进行绩效评价。本研究从社会、经济、生态、文化四个层面，以广东省东江流域水资源生态补偿效率测度为基础，对流域生态补偿方案进行评估和分析，构建流域生态补偿绩效评价体系，完善流域水资源生态补偿制度。

（5）基于水权交易的广东省东江流域生态补偿市场建设

构建基于水权交易的广东省东江流域生态补偿机制必须具备完善的，且具有生态补偿属性的水权交易市场体系。本研究基于广东省及东江流域水权交易工作现状，尝试深入分析广东省东江流域水权交易市场体系，进一步明确水权交易市场中各主体权益，细化水权交易规则，确定广东省东江流域水权交易市场体系的前提以及各级政府职能，推动建设服务于广东省东江流域生态补偿的

水权交易市场体系。

（6）基于水权交易的广东省东江流域生态补偿监管体系建设

构建完善的水权交易市场体系必然需要有效的市场监管。本研究基于水资源的公共属性和水权交易市场的经济学特点，尝试构建具有生态补偿属性的水权交易市场监督管理制度。基于水资源的特殊性，水权交易市场需在满足经济发展要求的同时兼顾社会公共利益，实现有效监督管理，体现水资源的稀缺性，促进水资源的经济效益最大化。

2.3　工作重点、难点与创新点分析

本研究通过对广东省东江流域水资源特征、生态系统与生态补偿现状分析，结合国内外流域生态补偿实践与广东省水权交易市场建设基础，构建基于水权交易的广东省东江流域生态补偿机制，并进行生态补偿绩效评价，在现有水权交易市场体系基础上进一步完善，建设具有生态补偿特性的水权交易市场体系与监管体系。具体而言，本研究的工作重点主要为以下四点：

（1）广东省东江流域现状分析

广东省东江流域范围较广，生态系统功能复杂。本研究首先对东江流域水资源的自然特征进行梳理，明晰东江流域水资源现状；其次对广东省东江流域生态系统服务功能进行评估，使用适合大面积流域价值评估的当量因子法测算广东省东江流域生态系统服务价值，刻画流域内生态系统服务价值变动趋势；最后根据以上分析对广东省东江流域生态环境与生态补偿现状中存在的问题进行总结，为有针对性地开展广东省东江流域生态补偿机制研究打下基础。

（2）国内外流域生态补偿实践梳理

基于广东省东江流域生态补偿现状及存在的问题，本研究对国内外流域生态补偿实践及相关研究进行梳理，总结目前已成熟的流域生态补偿方式，为流域生态补偿机制建设提供行之有效的理论基础与实践经验。在此基础上，本研究综合考虑目前已成熟的流域生态补偿方式与广东省水权交易市场体系建设情况，选择水权交易作为广东省东江流域生态补偿方式，为构建广东省东江流域生态补偿机制指明方向。

（3）基于水权交易的广东省东江流域生态补偿机制建设

确定水权交易为广东省东江流域生态补偿方式后，本次研究基于水权交易的市场化特点，分析广东省东江流域生态补偿的主客体、补偿途径及补偿标准，将生态补偿与水权交易的相关主体有机结合，进一步优化广东省东江流域初始水权分配方案，探索以水权交易为基础的流域生态补偿市场化途径，明确基于水权交易的广东省东江流域生态补偿标准，构建基于水权交易的广东省东江流域生态补偿机制。

（4）基于水权交易的广东省东江流域生态补偿绩效评价

区别于其他流域生态补偿方式，水权交易作为一种市场化程度较高的生态补偿手段，主要通过市场调节的方式达到流域生态补偿的目标。因此，水权交易是否能够满足流域生态补偿主客体需求，是否对生态补偿相关主体带来正面反馈都是不确定的，需要构建流域生态补偿绩效评价体系进行测度。本研究通过构建系统全面的流域生态补偿绩效评价体系，分别从社会、经济、生态以及文化效率四个层面测度广东省东江流域水资源生态补偿效率，完善基于水权交易的广东省东江流域生态补偿机制。

本研究的工作难点主要为以下两点：

（1）广东省东江流域生态系统服务价值测算

广东省东江流域面积较大，区域内部生态系统服务功能和生态环境问题较复杂，生态系统服务价值测算较为困难。本研究通过分析文献资料，基于广东省东江流域基础数据，借鉴中国生态价值当量评估方法，以中国生态系统服务价值当量因子表为基础，估算广东省东江流域生态系统服务价值及总价值；然后将中国当量因子表修正到研究区域，构建适用于广东省东江流域的当量因子表，分析不同生态系统及生态服务对广东省东江流域生态系统服务价值的贡献程度及研究区生态价值的时空分布特征，测算广东省东江流域生态系统服务价值。

（2）基于水权交易的广东省东江流域生态补偿绩效评价体系构建

流域生态补偿机制绩效评价是构建流域生态补偿机制的基础。本研究选择水权交易这一市场化方式构建广东省东江流域生态补偿机制，随着生态服务功能购买者的增加，生态补偿绩效很大程度上受交易成本的影响，因此在对基于市场的流域生态补偿机制绩效进行评价时必须考虑包括交易成本在内的多方面影响因素。本研究选择层次分析法，构建目标层、维度层和指标层三大模块层，并且在维度层分为社会效率、经济效率、生态效率、文化效率四方面，进一步选择指标构建基于水权交易的广东省东江流域生态补偿绩效评价体系。

本研究的主要创新之处包括：

（1）以市场化途径构建广东省东江流域生态补偿机制

目前，国内各省、各流域生态补偿的主体主要为各级政府及流域管理局，流域生态服务保护的主要提供者也多是政府。本研究基于广东省水权交易体系，通过水权交易引入市场机制，避免政府主导生态补偿模式的弊端，发挥市场在资源优化配置中的积极作用，建设政府、市场协同互利的广东省东江流域生态补偿机制。

（2）评估广东省东江流域生态系统服务价值

本研究借鉴中国生态价值当量的评估方法，以生态系统服务价值当量因子表为基础，估算广东省东江流域单位面积生态系统服务价值及总价值，构建适用于广东省东江流域的生态系统服务价值当量因子表，分析生态系统服务价值及总价值，构建广东省东江流域生态系统服务价值评估体系。

2.4　研究技术路线

2.4.1　研究思路

（1）广东省东江流域生态补偿现状分析

本研究收集广东省东江流域水资源与社会经济相关基础数据，分析流域水资源现状并建立修正后的东江流域生态系统服务价值当量因子表测算流域生态系统服务价值，总结流域水资源存在的问题以及生态补偿现状，是构建基于水权交易的流域生态补偿机制的现实基础。

（2）国内外流域生态补偿实践分析

本研究构建流域生态补偿理论体系，归纳和总结国内外流域生态补偿的成熟案例与实践经验，整理现行法律法规、政策文件及东江流域水权交易试点工作成果，结合目前已成熟的流域生态补偿方式与广东省水权交易基础，选择水权交易作为广东省东江流域生态补偿方式。

（3）基于水权交易的广东省东江流域生态补偿机制构建

本研究确定以水权交易构建市场化程度较高的广东省东江流域生态补偿机制，将水权交易相关主体与生态补偿主客体有机结合，在现行广东省东江流域水权确权的基础上进一步完善初始水权分配模式，明确基于水权交易的流域生态补偿途径与补偿标准。

（4）基于水权交易的广东省东江流域生态补偿绩效评价

本研究确定基于水权交易的流域生态补偿机制后，还从社会效率、经济效率、生态效率与文化效率四个层面对基于市场的流域生态补偿机制进行绩效评价，尝试构建流域生态补偿绩效评价体系，明确流域生态补偿机制对相关主体是否产生正向反馈，从制度层面评估流域生态补偿机制的效果。

（5）基于水权交易的广东省东江流域生态补偿市场体系与监管体系构建

本研究基于广东省水权交易制度体系与水权交易试点实践，结合广东省东江流域生态补偿现状与存在的问题，探索广东省东江流域生态补偿机制建设的市场化途径，并构建政府与市场协同并行的生态补偿监管体系，以资源交易的方式推动广东省东江流域生态文明建设。

2.4.2　研究技术路线

本研究基于广东省东江流域水资源及生态补偿现状，通过理论分析与国内外流域生态补偿实践梳理，结合广东省水权交易工作基础与东江流域现行水权确权机制，选择水权交易作为广东省东江流域生态补偿方式，构建基于水权交易的广东省东江流域生态补偿机制，并对流域生态补偿机制绩效进行评价，探索建设基于水权交易的广东省东江流域生态补偿市场体系与监管体系。本研究的技术路线框架如下图2-1。

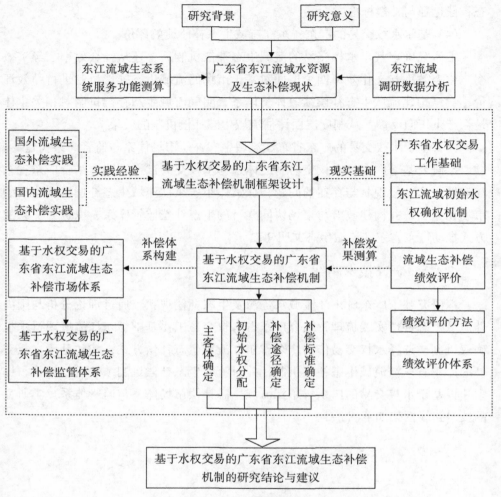

图 2-1　技术路线图

3　广东省东江流域生态补偿现状

3.1　广东省东江流域概况

3.1.1　自然地理概况

（1）地理位置

东江流域位于珠江三角洲的东北端，西南部紧靠华南最大的经济中心广州市，西北部与粤北山区韶关和清远两市相接，南临南海并毗邻香港，东部与粤东梅汕地区为邻，北部与赣南地区的安远市相接，地理坐标为东经113°30′～115°45′，北纬22°45′～25°20′，流域总面积为35340km²，其中广东省境内31840km²。东江流域在广东省境内包括惠州市、河源市、深圳市、东莞市、梅州市、韶关市和广州市的增城区。

（2）气候气象

东江流域属于亚热带海洋季风气候，整体年气温变化不大，但是地区间变化较为明显，冬季西南部罕见冰雪但北部山区多冰雪。常年平均气温为20～22℃，一年中最冷为一月份，平均气温为9.7～11℃，历年来极端最低气温为-5.4℃；最热为七月份，平均气温为28～31℃，历年极端最高气温为39.6℃；东江流域无霜期较长，南部地区无霜期约350天，北部山区无霜期长约275天。流域内全年平均日照时间在1680～1950h之间。由于东江流域受东南、西南季风及太平洋、南海水汽影响，全年夏无酷暑、冬无严寒，气候宜人。

东江流域年平均降水量为1500～2400mm之间，降水量分布上游比中下游少、东北少、西南多，由北向南递增。流域降雨以南北冷暖气团交绥的锋面雨为主，多发生在4—6月份；其次是热带气旋雨，多发生在7—9月份。降雨年内分配不均，其中4—9月份占全年的80%以上。因此年内降雨量分布基本呈双峰型，第一个高峰值一般发生在前汛期的6月份；第二个高峰值一般发生在后汛期的8月份，汛期月（4—9月）的降雨量占全年的大部分，各地均达八成左右。大部分地方前汛期降雨量大于后汛期，占年降雨量五成左右。

东江流域降水量随季节变化较大，一般汛期为四月至九月间，期间的降水量占全年总降水量的80%。流域内年均日暴雨量在110～220mm之间，有两大暴雨区域，一个是博罗罗浮山至龙门南昆山、铁岗一带，年均最大日暴雨量172mm；另一区域是惠东多祝至石涧、高潭一带，年均最大日暴雨量达670mm。流域内暴雨主要集中在汛期前期的四五月份以及汛期末期的七八月份，这四个月的暴雨日数占全年暴雨日数的七成左右。从地域上，上游地区暴雨日数少于中下游地区，多雨区与多暴雨区分布基本一致。

（3）地形地貌

东江流域内分布有三大平行山脉，自西南向东北倾斜贯穿全流域，三列山脉自东向西依次为东江梅江分水岭、罗浮山和九连山，另外流域东南部有粤东莲花山脉，东江、新丰江、西枝江、秋香江分布其间。与中北部的丘陵山地相比，南部地势较为平坦，以三角洲冲积平原、沿江平原、缓坡台地和低洼地为主，整个流域地势南低北高，有利于南部来自海洋的湿暖空气迅速抬升，从而导致该地区降雨量丰富。

3.1.2 社会经济发展概况

（1）行政区域

东江横跨江西、广东两省，江西省境内包括赣州地区的定南、寻乌、安远三个县；广东省境内包括兴宁市、连平县、和平县、龙川县、新丰县、东源县、龙门县、源城区、增城区、博罗县、紫金县、惠东县、惠城区、惠阳区、东莞市、深圳市等16个县市。

（2）资源与交通

1）农业

作为广东省的主要产粮地区，东江流域的粮食作物主要有水稻和红薯，经济作物主要有花生、大豆、甘蔗、西瓜、茶叶、龙眼和荔枝等。流域内耕地主要集中在中上游河谷台地、盆地以及下游的三角洲冲积平原。近年来在政府支持与调控下，林业、渔业、养殖业也得到长足发展，逐渐形成了以粮食生产为基础的"三高"农业发展格局。

2）工业

东江流域上游地区矿藏资源丰富，以铅、铜、铁矿为主，坐落于连平县的大顶铁矿为广东省最大铁矿，矿石储量约为$2×10^8$立方米，分布于连平地区大尖山、茶排等地的钨矿及上游支千流附近的各处矿泉水资源均较为丰富。上游地区工业以开采业、森林工业、水电为主，工业基础相对薄弱，近年来随着改革深入，建材、水泥等工业渐渐形成规模；中下游的深圳、惠州、东莞等地以轻纺、食品、化工、电子、机械等为主，地区经济发达，在原有劳动密集型产业基础上发展并完善了高新技术产业，以此为龙头，形成了多层次、多元化的复合工业体系，从而带动区域经济快速发展。东江流域上游与中下游的经济差异将会在相当长时期内存在。

3）交通运输

东江流域内交通运输便捷，京九、广九、梅汕铁路贯穿全境，广梅、广汕公路交错其中。此外，水运方面，东江干流宋屋洲尾至惠州段可最大承载100吨内河船舶，通航里程达46km，通航保证率95%；惠州至河源段可最大承载80吨船舶，通航里程达126km，通航保证率95%；河源至老隆船舶航段可最大承载50吨船舶，通航里程达88km，通航保证率95%；老隆船闸至枫树坝电站航段通航里程达60km，通航保证率90%，全流域通航里程总计320km。航空方面，惠州平潭机场已正式开通民航业务，与国内多个省会城市有直达航班。

（3）人口与经济

至2017年末流域内常住人口2873.89万人，其中城镇人口2467.29万人，占常住人口的85.85%。流域国内生产总值（GDP）34848亿元，人均GDP12.126万元；工业和建筑业增加值15375亿元，对GDP的贡献率达44.12%；耕地面积817.6万亩，人均耕地面积0.28亩。其中，深圳和东莞在总人口、城镇人口、地区生产总值及工业和建筑业产值方面均有较高的贡献。

根据2009年—2017年广东省及各县市的统计年鉴，分别统计整理了东江流域内广东省东江流域内人口、GDP、人均GDP、第二产业增加值、城镇化率及耕地面积几个主要经济社会发展指标的变化情况，由图3-1可知：广东省东江流域总人口、城镇人口呈稳定增长趋势，其中总人口的年均增长率为4.47%，城镇人口的年均增长率为6.25%；主要经济指标也表现出持续增长，其中GDP的年均增长率为35.12%，第二产业产值的年均增长率为32.23%；耕地面积则呈现下降趋势，人均耕地面积的年均下降率为5.11%。广东省作为中国的发达地区，吸引了人口的大量迁入，人口保持过快增长，城镇化率快速提高，各类经济指标也表现出增长的良好态势，但是伴随着工业和建筑业的发展以及严峻的人口负荷，耕地面积等资源在总量和均值上都表现出快速下降，经济的增长在提高人们生活水平的同时，也付出了资源和环境代价。

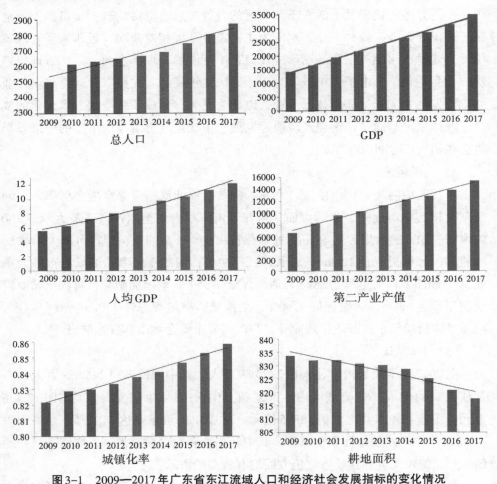

图3-1　2009—2017年广东省东江流域人口和经济社会发展指标的变化情况

3.1.3　水资源现状

（1）水资源概况

东江位于珠江三角洲的东北端，是珠江水系干流之一，发源于江西省寻乌县桠髻钵山，上游称寻乌水，向西南流经广东省龙川县、东源县、紫金县、惠城区、博罗县至东莞市石龙镇进入珠江三角洲，于增城区禺东联围东南汇入狮子洋，最后经虎门出海。

东江流域河口狮子洋以上总面积35340km²（流域面积为实际流域面积），石龙以上流域总面积27040km²，其中广东省境内23540km²，占石龙以上面积的87.06%，江西省境内3500km²，占12.94%。东江干流由东北向西南流，河道长度至石龙为520km，至狮子洋为562km。东江流域支流分布众多，集雨面积在100km²以上支流共有72条，其中一级支流共有25条。主要支流自上而下有安远水、浰江、新丰江、船塘河、秋香江、公庄河、西枝江、淡水河和石马河等，其中新丰江为东江最大支流，西枝江为第二大支流。

东江流域占各市土地面积情况如表3-1所示，东江流域主要河流情况如表3-2所示。

表3-1 东江流域概况

市名	辖区总土地面积（km²）	东江流域土地面积（km²）	东江所占比例（%）	占东江流域面积比例（%）
赣州	39317.14	3500	8.90	12.94
河源	15665	13605	86.85	50.30
惠州	11142	7013	62.94	25.94
东莞	2493	617	24.75	2.28
韶关	18639	1264	6.78	4.67
梅州	15844	272	1.72	1.01
深圳	1864	769	41.26	2.80
合计	112398.5	27040（石龙以上）	24.06	100.00

资料来源：珠江流域水资源保护规划、江西省统计年鉴、广东省统计年鉴，下同。

根据国务院批复的《全国水资源综合规划》及其附件《珠江流域及红水河水资源综合规划》数据，东江流域多年平均地表水的资源量为274.9亿m³。其中，广东省境内多年平均地表水资源量为244.7亿m³，占流域水资源总量的89.0%；根据《全国重要江河湖泊水功能区划（2011—2030年）》，东江共划分为19个水功能区，其中保护区6个，保留区6个，缓冲区3个，开发利用区4个，长度841.4km。19个水功能区中，江西省有6个，广东省有15个。根据《珠江片水资源公报》与《广东省水资源公报》，2001-2015年东江水体水质总体良好，以Ⅱ、Ⅲ类水体为主。

表3-2　主要河流情况

河名	级别	发源地	河口	流域面积（km²）	河流长度（km）	比降（‰）
东江	干	江西寻邬桠髻钵	东莞石龙	23540/27040	393/520	0.39
安远水	1	江西安远大岩栋	龙川合河口	751/2364	46/140	1.98
浰江	1	和平杨梅嶂	和平东水街	1677	100	2.20
新丰江	1	新丰玉田点兵	河源市	5813	163	1.29
船塘河	2	龙川火影山	河源合江	2015	104	1.08
秋香江	1	紫金黎头寨	紫金古竹江口	1669	144	1.11
公庄河	1	博罗糯米柏	博罗泰美	1197	82	4.03
西枝江	1	紫金竹坳	惠州东新桥	4120	176	0.60
淡水河	2	宝安梧桐山	惠阳紫溪口	1308	95	0.57
石马河	1	宝安大脑壳	东莞桥头	1249	88	0.51

注：流域面积数据为省境内/全流域。

东江作为河源、惠州、东莞、广州、深圳以及香港3000余万人口的生产、生活和生态用水的水源地，流域内和受水区经济普遍较为发达，受水区的地位特殊，尤其是对香港供水的重要性，使得东江供水安全具有政治与经济意义。目前，东江流域水资源面临的主要问题是随着东江流域人口快速增长、经济社会的高速发展；受产业政策转移的影响，东江水资源开发利用率急剧上升，水资源供需矛盾日益突出。同时，随着经济的快速发展，流域中、下游水环境污染问题日渐突出，例如，淡水河、西枝江下游河段、石马河、东引运河等水体遭受污染的程度增大，水质逐年恶化。

（2）水资源开发利用现状

1）水资源开发利用率

根据《广东省水资源公报》（2013—2017年），五年来东江流域水资源开发利用率按当年来水统计分别为17.7%～31.6%，按多年平均来水统计分别为26%～29.3%（见表3-3），均高于广东省全省的水资源开发利用率，是广东省各大流域中水资源开发利用程度最高的，且接近国际上公认的地表水合理开发利用率30%，临近人类与自然和谐关系遭破坏的边界。因此，东江流域水资源开发利用率相对较高，需要加强水资源的管理，确保东江流域水资源开发利用不会影响到人与自然关系的和谐发展。

表3-3　广东省东江流域水资源开发利用率（%）

年份	东江流域		广东省	
	按当年来水统计	按多年平均来水统计	按当年来水统计	按多年平均来水统计
2013	24.5	29.2	19.8	24.4
2014	31.4	29.3	26	24.5
2015	27.7	28.6	23.4	24.7
2016	17.7	26	17.7	23.8
2017	31.6	28.5	24.5	23.9

资料来源：《广东省水资源公报》（2013—1017年）

2）流域主要用水指标

如表3-4所示，2013—2017年以来，广东省东江流域人均综合用水量、万元GDP用水量、万元工业增加值用水量和居民生活人均用水量在逐年降低，由此可见，广东省东江流域内的用水效率在逐年提高。

表3-4　广东省东江流域主要用水指标

年份	指标	人均GDP/万元	人均水资源量 当年	多年平均	人均综合用水量	万元GDP用水量	万元工业增加值用水量 含火电	不含火电	农田灌溉亩均用水量	居民生活人均用水量 城镇生活	农村生活
2013	东江	6.01	2.832	2.336	425	71	38	38	729	218	146
	全省	5.86	2.133	1.724	418	71	44	30	737	193	135
2014	东江	7.35	1.961	2.157	387	53	25	25	701	193	144
	全省	6.35	1.608	1.713	414	65	40	28	733	193	137
2015	东江	7.46	1.014	1.994	363	48	24	24	778	169	144
	全省	6.71	1.782	1.687	411	61	27	23	753	193	136
2016	东江	8.43	2.975	1.988	349	41	30	20	762	164	144
	全省	7.08	2.251	1.675	398	55	34	21	748	193	136
2017	东江	9.61	1.754	1.981	339	35	15	15	766	164	142
	全省	8.11	1.612	1.651	391	48	30	19	756	189	134

资料来源：《广东省水资源公报》（2013—2017年）

将广东省东江流域内主要用水指标与广东省全省的用水指标进行横向对比，可以发现在人均GDP和人均水资源量方面高于全省平均值；除2013年人均综合用水量和2013年万元工业增加值用水量（不含火电）略高于全省外，人均综合用水量、万元GDP用水量和万元工业增加值用水量均低于广东省全省平均值。可见，广东省东江流域内的用水效率高于全省的平均值；在居民生活人均用水量方面，城镇生活用水量低于全省平均水平，农村生活用水量则高于全省平均水平。

3）流域水功能区达标情况

如表3-5所示，2013—2017年以来，在流域水功能区达标方面，无论是从个数还是从河长上来评价，东江流域水功能区水质达标率均不高，但总体上看，东江流域的水质在逐渐好转。跟广东省全省的情况进行对比，东江流域水功能区达标情况略好于全省的情况，但仍然需要加强管理，确保水功能区达标情况能够满足水资源三条红线的管理要求。

表3-5　广东省东江流域水功能区达标情况

年份	指标	个数/个			河长/km		
		评价数	达标数	达标率	评价河长	达标河长	达标率
2013	东江	26	11	42.3%	1096.9	693.9	63.3%
	全省	273	132	48.4%	8939.4	4579.5	51.2%
2014	东江	23	10	43.5%	2773.5	1281.7	46.2%
	全省	250	102	40.8%	8752.3	3798.2	43.4%
2015	东江	24	10	41.7%	1124	493	44.3%
	全省	257	97	37.7%	8813.3	3407.2	38.7%
2016	东江	26	13	50%	1200.9	732	61%
	全省	268	137	51.1%	9242.8	5123.1	55.4%
2017	东江	28	13	46.4%	1246	653	52.4%
	全省	300	130	43.3%	9958	4383	44%

资料来源：《广东省水资源公报》（2013—2017年）

3.2　广东省东江流域生态系统协调模式分析

生态经济协调[1]也被称为"生态经济平衡""生态经济协同"，引申自"生态平衡"[2]的概念。其主要内涵是将生态经济系统所呈现的生态结构功能、社会结构功能与经济结构功能相统一，使系统内各种生态经济社会要素通过协调作用达到结构有序与功能有效的相对稳定的动态平衡状态[3]。生态系统为经济系统和社会系统的发展提供各种自然资源和生态环境，促使人类生产出满足自身需求的各类产品，因此生态系统的有序协调是生态经济系统整体协调的基础，经济系统与社会系统必须遵循生态系统的运行规律，合理地同生态系统进行能量、物质、信息等交换活动，以维持一定水平的经济系统与社会系统的有序稳定性[4]。

广东省东江流域生态系统为广东省的社会经济发展提供了粮食供给、原材料供给、水资源供给、气体调节、气候调节、水温调节等服务支撑[5]。将广东省东江流域生态系统服务功能分为供给功能、调节功能、文化功能和支持功能四大类，通过流域生态系统服务功能价值评估衡量广东省东江流域生态环境对社会经济发展提供服务的机制、类型和效用，进一步反映了广东省东江流域生态系统的协调模式。生态系统服务功能价值评估方法有多种，常用的有替代市场技术、模拟市场技术和当量因子法等。替代市场技术是对生态系统中具有实际市场和替代市场的服务功能进行评价，评估过程比较客观；然而由于生态系统服务功能种类繁多，实际评价时有许多困难，很难真实反映生态系统服务的实际价值[6]。模拟市场技术通过人为构造假想市场来衡量没有替代市场时生态系统的服务价值，该法基础资料易于获取，可操作性强，但由于受到众多主观因素影响，存在一定的局限性[7]。当量因子法则是在区分不同种类生态系统服务功能的基础上，基于可量化的标准构建不同生态系统各种服务功能的价值当量，然后结合生态系统面积进行评估[8]。该法计算模型简单易操作，数据需求少，功能评估较全面，适用于大面积流域的价值评估。

广东省东江流域面积较大，区域内部生态系统服务功能和生态环境问题较复杂，基础数据较难获得。鉴于此，本研究针对广东省东江流域将中国生态系统服务价值当量因子表进行修正，采用当量因子法计算流域生态系统服务价值，为广东省东江流域生态系统健康和社会经济的协调发展提供科学依据。

3.2.1 东江流域生态系统价值的构成

东江流域横跨江西、广东两省，在广东省内，流经兴宁市、连平县、和平县、龙川县、新丰县、东源县、龙门县、源城区、增城区、博罗县、紫金县、惠东县、惠城区、惠阳区、东莞市、深圳市等16个县市。由于近年来土地利用类型变化较小，以2015年为例对土地利用类型进行观测，可以发现东江流域的土地利用类型以林地和耕地为主，其中，林地面积最大，主要分布于东江中上游地区；其次为耕地面积，分布较广泛；建设用地集中分布于下游地区；水域、草地和未利用地面积较小。

本研究通过收集整理广东省自然资源厅历年发布的《广东省土地利用现状汇总表》，得到了2009—2017年东江流经的16个县市农田、森林、草地、水域、建设用地和未利用地等六类土地的面积情况。

根据东江流域生态系统提供服务的机制、类型和效用，将东江流域生态系统服务功能分为供给功能、调节功能、文化功能和支持功能四大类。其中，供给功能包括食物生产、原材料生产和水资源供给；调节功能包括气体调节、气候调节、水文调节和净化环境；支持功能包括保持土壤和维持生物多样性；文化功能包括提供美学景观。当然，东江流域还有其他的生态功能，但基于本部分研究的侧重点，这些功能已经基本涵盖了东江流域生态系统服务功能的主要部分，能够代表东江流域生态系统服务功能的主要价值。

（1）食物生产

食物生产主要是指生态系统所产生的粮食、蔬菜、肉类等产品，通常收获的这类资源可以拿到市场上交易来获得交换价值，或者供自己消费来获得使用价值，因而具有一定的价值。东江生态系统的食物产品主要是水稻、玉米、薯类、大豆、花生、蔬菜等农、副产品；及养殖和野生的鱼类、虾、蟹等水产品。

（2）原材料生产

原材料生产是指生态系统生产可以进入市场交换的物质产品的过程，包括全部的植物产品和矿产资源。东江流域生态系统除提供林木产品外，还生产许多有经济价值的产品，如药材等。

（3）水资源供给

水供应是流域生态系统最基本的服务功能。地表径流形成的地表水资源量以及水库上游来水被河流、湖泊、水库、沼泽、坑塘等拦蓄后可加以利用。根据不同水体的水质状况，所蓄之水被用于生活饮用、工业用水，农业灌溉等方面。其价值由水量和水质共同决定。

（4）气体调节

调节大气化学组成。流域的植被对维护大气中的CO_2的稳定具有重要作用。CO_2是树木光合作用的主要原料，是构成树木以及各种植物器官和组织的物质基础。这是由于树木的叶绿素可以吸收空气中CO_2的和H_2O，并将其转化成葡萄糖等碳水化合物，将光能转化为生物能贮存起来，同时释放出O_2。氧气是人类和所有动物生存不可缺少的物质，森林等绿色植物是影响氧元素在自然界循环的一个重要环节，是氧的"天然制造厂"。

（5）气候调节

气候调节主要是由于水的比热容大，在同样受冷受热时温度变化较小，从而使夏天的温度不会升得比过去高，冬天的温度不会下降的比过去低，使温度保持相对稳定，从而使流域成为一个巨大的"天然空调"。

（6）水文调节

生态系统的水文调节服务即可理解为，生态系统对自然界中水的各种运动变化所发挥的作用，表现为通过生态系统对水的利用、滤过等影响和作用以后，水在时间、空间、数量等方面发生变化的现象和过程。所以，生态系统的水文调节服务是生态系统对水的运动变化施加这些影响和作用的过程和能力。具体而言，流域中的森林和湿地是蓄水防洪的天然"海绵"，在时空上分配不均的降水通过森林、湿地的吞吐调节，避免水旱灾害，在蓄水、调节河川径流、补给地下水和维持区域水平衡中发挥着重要作用。

（7）净化环境

生态系统净化环境是指生态系统中生物类群通过代谢作用、异化作用和同化作用使环境中的污染物的数量减少、浓度下降、毒性减轻，直至消失的过程。河流和湖泊等水源都有一定的自净能力，通过稀释、沉积、分解或转化水体污染物，可以去除多种排入水体的有害物质，从而净化水环境。

（8）保持土壤

流域中的森林植被是地表的保护层，可以防止土壤侵蚀和泥沙灾害，起到固土防崩、阻挡块体运动的作用，从而保持水土，保留养分，也减少了水库、河流与水利灌溉渠道的淤积，延长了水库及水利工程的使用寿命。

（9）维持生物多样性

流域生物多样性是指其生态系统、物种和基因组成的多样性，是流域本身固有的一项产品。流域作为野生动植物重要的栖息地，能为水生生物提供生存和繁育的地点，因此具有一定的生态经济价值。

（10）提供美学景观

休闲娱乐是社会文化功能的一种，是指人类通过认知发展、主观映象、消遣娱乐和美学体验，从自然生态系统获得的非物质利益。水作为一类"自然风景"的"灵魂"，其娱乐服务功能是巨大的。同时，作为一种独特的地理单元和生存环境，水生态系统对形成独特的传统文化类型影响很大。东江流域水系发达，河网密布，风景优美，具有独特的旅游、休闲与观光的资源优势。

3.2.2 东江流域生态系统价值的测算

本研究借鉴谢高地（2015）等的生态系统服务价值评估体系[27]，通过文献资料收集等方法构建适用于研究区的生态系统服务价值当量因子表，然后对研究区生态系统服务价值进行评估。

通过文献资料调查，结合东江流域土地利用状况，将东江流域生态系统分为6种土地利用类型，并确定流域主要的生态服务功能，根据当量因子修正原则确定东江流域生态系统服务价值当量因子表[9]（见表3-6）。

表3-6 东江流域生态系统服务价值当量因子表

一类服务	二类服务	农田	森林	草地	水域	建设用地	未利用地
供给服务	食物生产	1.00	0.58	0.49	0.89	0.28	0.20
	原材料生产	0.10	3.93	0.05	0.04	0.30	0
	水资源供给	−1.68	0.40	0.37	23.09	−3.71	0.01
调节服务	气体调节	0.50	3.74	2.52	1.33	0	0.06
	气候调节	0.83	2.52	0.90	5.33	0	0.05
	水文调节	2.69	6.74	4.00	18.08	−5.35	0.03
	净化环境	1.64	2.14	1.31	10.09	−2.46	0.01
支持服务	保持土壤	1.34	3.91	2.79	0.65	0.02	0.08
	维持生物多样性	0.34	2.27	0.81	1.17	0.34	0.23
文化服务	提供美学景观	0.02	0.86	0.14	2.11	1.20	0.04
	合计	6.78	27.09	13.38	62.79	−9.38	0.71

东江流域生态系统服务总价值的计算选取东江流域主要粮食作物（水稻、大豆和薯类等），计算东江流域不同年份中1个生态系统服务价值当量因子的经济价值，然后计算得到2009—2017年广东省东江流域生态系统服务总价值，见

表3-7至表3-15。

表3-7　2009年广东省东江流域生态系统服务价值（亿元）

生态服务类型	农田	森林	草地	水域	建设用地	未利用地	合计
食物生产	14.4511	32.2897	1.0112	5.1179	2.4599	0.1463	55.4761
原材料生产	1.4451	218.7904	0.1032	0.2300	2.6356	0.0000	223.2043
水资源供给	-24.2778	22.2687	0.7636	132.7767	-32.5936	0.0073	98.9450
气体调节	7.2255	208.2128	5.2007	7.6480	0.0000	0.0439	228.3309
气候调节	11.9944	140.2931	1.8574	30.6496	0.0000	0.0366	184.8311
水文调节	38.8734	375.2283	8.2550	103.9672	-47.0015	0.0219	479.3444
净化环境	23.6998	119.1378	2.7035	58.0215	-21.6119	0.0073	181.9580
保持土壤	19.3644	217.6770	5.7579	3.7378	0.1757	0.0585	246.7713
维持生物多样性	4.9134	126.3751	1.6716	6.7280	2.9870	0.1683	142.8434
提供美学景观	0.2890	47.8778	0.2889	12.1333	10.5424	0.0293	71.1608
合计	97.9783	1508.1507	27.6130	361.0101	-82.4064	0.5194	1912.8651

表3-8　2010年广东省东江流域生态系统服务价值（亿元）

生态服务类型	农田	森林	草地	水域	建设用地	未利用地	合计
食物生产	14.4670	32.2489	0.9760	5.0667	2.5306	0.1486	55.4378
原材料生产	1.4467	218.5142	0.0996	0.2277	2.7113	0.0000	222.9995
水资源供给	-24.3046	22.2406	0.7370	131.4490	-33.5299	0.0074	96.5995
气体调节	7.2335	207.9499	5.0195	7.5716	0.0000	0.0446	227.8191
气候调节	12.0076	140.1160	1.7927	30.3431	0.0000	0.0371	184.2966
水文调节	38.9164	374.7546	7.9675	102.9276	-48.3518	0.0223	476.2366
净化环境	23.7260	118.9874	2.6094	57.4413	-22.2328	0.0074	180.5387
保持土壤	19.3858	217.4022	5.5573	3.7004	0.1808	0.0594	246.2859
维持生物多样性	4.9188	126.2156	1.6134	6.6607	3.0728	0.1708	142.6521
提供美学景观	0.2893	47.8174	0.2789	12.0120	10.8453	0.0297	71.2725
合计	98.0866	1506.2467	26.6513	357.4000	-84.7737	0.5274	1904.1382

表3-9　2011年广东省东江流域生态系统服务价值（亿元）

生态服务类型	农田	森林	草地	水域	建设用地	未利用地	合计
食物生产	14.4367	32.2017	0.9604	5.0525	2.5936	0.1511	55.3959
原材料生产	1.4437	218.1940	0.0980	0.2271	2.7789	0.0000	222.7417
水资源供给	−24.2537	22.2080	0.7252	131.0801	−34.3655	0.0076	95.4018
气体调节	7.2183	207.6452	4.9390	7.5503	0.0000	0.0453	227.3982
气候调节	11.9825	139.9107	1.7639	30.2580	0.0000	0.0378	183.9529
水文调节	38.8347	374.2056	7.8397	102.6388	−49.5567	0.0227	473.9847
净化环境	23.6762	118.8130	2.5675	57.2801	−22.7868	0.0076	179.5576
保持土壤	19.3452	217.0836	5.4682	3.6900	0.1853	0.0604	245.8327
维持生物多样性	4.9085	126.0307	1.5875	6.6420	3.1494	0.1738	142.4918
提供美学景观	0.2887	47.7473	0.2744	11.9783	11.1155	0.0302	71.4345
合计	97.8808	1504.0398	26.2238	356.3972	−86.8863	0.5364	1898.1918

表3-10　2012年广东省东江流域生态系统服务价值（亿元）

生态服务类型	农田	森林	草地	水域	建设用地	未利用地	合计
食物生产	14.3808	32.1841	0.9525	5.0297	2.6392	0.1521	55.3384
原材料生产	1.4381	218.0748	0.0972	0.2261	2.8278	0.0000	222.6639
水资源供给	−24.1597	22.1959	0.7193	130.4900	−34.9700	0.0076	94.2831
气体调节	7.1904	207.5317	4.8988	7.5163	0.0000	0.0456	227.1828
气候调节	11.9361	139.8342	1.7496	30.1218	0.0000	0.0380	183.6796
水文调节	38.6843	374.0010	7.7758	102.1767	−50.4284	0.0228	472.2323
净化环境	23.5845	118.7481	2.5466	57.0223	−23.1876	0.0076	178.7214
保持土壤	19.2703	216.9650	5.4236	3.6734	0.1885	0.0608	245.5816
维持生物多样性	4.8895	125.9618	1.5746	6.6121	3.2048	0.1749	142.4176
提供美学景观	0.2876	47.7212	0.2722	11.9244	11.3110	0.0304	71.5468
合计	97.5018	1503.2177	26.0101	354.7927	−88.4146	0.5398	1893.6475

表3-11 2013年广东省东江流域生态系统服务价值（亿元）

生态服务类型	农田	森林	草地	水域	建设用地	未利用地	合计
食物生产	14.3600	32.1368	0.9377	5.0084	2.6938	0.1527	55.2894
原材料生产	1.4360	217.7546	0.0957	0.2251	2.8862	0.0000	222.3976
水资源供给	-24.1248	22.1633	0.7080	129.9368	-35.6929	0.0076	92.9980
气体调节	7.1800	207.2270	4.8223	7.4844	0.0000	0.0458	226.7596
气候调节	11.9188	139.6289	1.7222	29.9941	0.0000	0.0382	183.3022
水文调节	38.6285	373.4519	7.6544	101.7435	-51.4710	0.0229	470.0303
净化环境	23.5504	118.5738	2.5068	56.7805	-23.6670	0.0076	177.7522
保持土壤	19.2424	216.6464	5.3390	3.6578	0.1924	0.0611	245.1392
维持生物多样性	4.8824	125.7768	1.5500	6.5841	3.2711	0.1756	142.2400
提供美学景观	0.2872	47.6511	0.2679	11.8738	11.5449	0.0305	71.6555
合计	97.3610	1501.0108	25.6040	353.2885	-90.2425	0.5421	1887.5639

表3-12 2014年广东省东江流域生态系统服务价值（亿元）

生态服务类型	农田	森林	草地	水域	建设用地	未利用地	合计
食物生产	14.3121	32.0896	0.9142	4.9871	2.7578	0.1530	55.2137
原材料生产	1.4360	217.4345	0.0933	0.2241	2.9547	0.0000	222.1426
水资源供给	-24.1248	22.1307	0.6903	129.3836	-36.5404	0.0077	91.5470
气体调节	7.1800	206.9224	4.7015	7.4526	0.0000	0.0459	226.3024
气候调节	11.9188	139.4236	1.6791	29.8664	0.0000	0.0383	182.9262
水文调节	38.6285	372.9029	7.4627	101.3103	-52.6930	0.0230	467.6343
净化环境	23.5504	118.3994	2.4440	56.5388	-24.2289	0.0077	176.7114
保持土壤	19.2424	216.3279	5.2053	3.6422	0.1970	0.0612	244.6761
维持生物多样性	4.8824	125.5919	1.5112	6.5560	3.3487	0.1760	142.0663
提供美学景观	0.2872	47.5811	0.2612	11.8233	11.8190	0.0306	71.8023
合计	97.3610	1498.8040	24.9629	351.7843	-92.3851	0.5432	1881.0702

基于水权交易的广东省东江流域生态补偿机制研究

表3-13　2015年广东省东江流域生态系统服务价值（亿元）

生态服务类型	农田	森林	草地	水域	建设用地	未利用地	合计
食物生产	14.2370	32.0655	0.9001	4.9629	2.8132	0.1514	55.1302
原材料生产	1.4237	217.2712	0.0918	0.2231	3.0142	0.0000	222.0240
水资源供给	-23.9182	22.1141	0.6797	128.7566	-37.2752	0.0076	90.3645
气体调节	7.1185	206.7670	4.6291	7.4165	0.0000	0.0454	225.9765
气候调节	11.8167	139.3190	1.6532	29.7216	0.0000	0.0379	182.5484
水文调节	38.2976	372.6229	7.3477	100.8193	-53.7527	0.0227	465.3577
净化环境	23.3487	118.3106	2.4064	56.2648	-24.7162	0.0076	175.6218
保持土壤	19.0776	216.1655	5.1250	3.6246	0.2009	0.0606	244.2543
维持生物多样性	4.8406	125.4976	1.4879	6.5243	3.4161	0.1741	141.9406
提供美学景观	0.2847	47.5454	0.2572	11.7660	12.0567	0.0303	71.9402
合计	96.5271	1497.6789	24.5782	350.0795	-94.2430	0.5376	1875.1582

表3-14　2016年广东省东江流域生态系统服务价值（亿元）

生态服务类型	农田	森林	草地	水域	建设用地	未利用地	合计
食物生产	14.1556	32.0414	0.8868	4.9416	2.8709	0.1511	55.0473
原材料生产	1.4156	217.1080	0.0905	0.2221	3.0760	0.0000	221.9122
水资源供给	-23.7814	22.0975	0.6696	128.2033	-38.0397	0.0076	89.1570
气体调节	7.0778	206.6117	4.5606	7.3846	0.0000	0.0453	225.6801
气候调节	11.7491	139.2143	1.6288	29.5939	0.0000	0.0378	182.2239
水文调节	38.0785	372.3430	7.2391	100.3861	-54.8551	0.0227	463.2144
净化环境	23.2151	118.2217	2.3708	56.0230	-25.2231	0.0076	174.6151
保持土壤	18.9685	216.0032	5.0493	3.6090	0.2051	0.0604	243.8954
维持生物多样性	4.8129	125.4034	1.4659	6.4962	3.4861	0.1738	141.8383
提供美学景观	0.2831	47.5096	0.2534	11.7154	12.3039	0.0302	72.0957
合计	95.9748	1496.5538	24.2148	348.5753	-96.1758	0.5364	1869.6794

表 3-15　2017 年广东省东江流域生态系统服务价值（亿元）

生态服务类型	农田	森林	草地	水域	建设用地	未利用地	合计
食物生产	14.0965	32.0108	0.8774	4.9202	2.9228	0.1505	54.9782
原材料生产	1.4096	216.9009	0.0895	0.2211	3.1316	0.0000	221.7528
水资源供给	−23.6821	22.0764	0.6625	127.6501	−38.7271	0.0075	87.9874
气体调节	7.0482	206.4146	4.5123	7.3527	0.0000	0.0451	225.3730
气候调节	11.7001	139.0815	1.6115	29.4662	0.0000	0.0376	181.8969
水文调节	37.9195	371.9878	7.1624	99.9529	−55.8464	0.0226	461.1988
净化环境	23.1182	118.1089	2.3457	55.7813	−25.6789	0.0075	173.6827
保持土壤	18.8893	215.7970	4.9958	3.5934	0.2088	0.0602	243.5445
维持生物多样性	4.7928	125.2837	1.4504	6.4682	3.5491	0.1730	141.7173
提供美学景观	0.2819	47.4643	0.2507	11.6649	12.5263	0.0301	72.2182
合计	95.5740	1495.1259	23.9584	347.0711	−97.9138	0.5342	1864.3497

东江流域生态系统服务总价值约为 1900 亿元左右。从不同土地利用类型来看，森林价值最高；其后依次为水域、农田和草地等。从不同生态服务类型来看，一类服务中调节服务价值最高；其后依次为支持服务、供给服务和文化服务。二类服务中水文调节价值最大，其后依次为保持土壤、气体调节和原材料生产等。

（1）2009—2017 年广东省东江流域生态系统服务价值的时间变化分析

1）广东省东江流域总价值的变化趋势

从图中可以看出，2009 至 2017 年间，广东省东江流域生态系统服务总价值呈减少趋势，由 2009 年的 1912.8651 亿元减少到 2017 年的 1864.3497 亿元，年均减少率为 2.57%。见图 3-2。

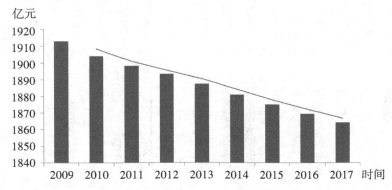

图 3-2　2009—2017 年广东省东江流域总价值的变化趋势

2）不同土地利用类型价值的变化趋势

从图中可以看出，2009 至 2017 年间，广东省东江流域不同土地利用类型价值的变化情况为：农田、森林、草地和水域呈逐年减少趋势；建设用地的生态系统价值为负数，其绝对值是逐年递增的；未利用地 2000-2014 年增加、2014—2017 年减少。这说明，在东江流域的利用过程中，人们越来越注重城市、建制镇、村庄、采矿用地等城镇村及工矿用地，以及铁路、公路、机场、码头和管道等交通运输用地的建设，这类用地直接影响人们的经济利益，近几年其开发面积不断增加，但是生态价值较低，甚至对生态系统造成破坏。具体表现为：一方面，对生态系统价值的贡献为负；另一方面，建设用地的增加，对农田、森林、草地和水域等输出生态价值的系统造成挤出效应，使它们对生态价值的贡献降低。流域内近年来人类高强度的生产和生活活动，可能是造成流域生态系统服务价值减少的主要原因。见图 3-3。

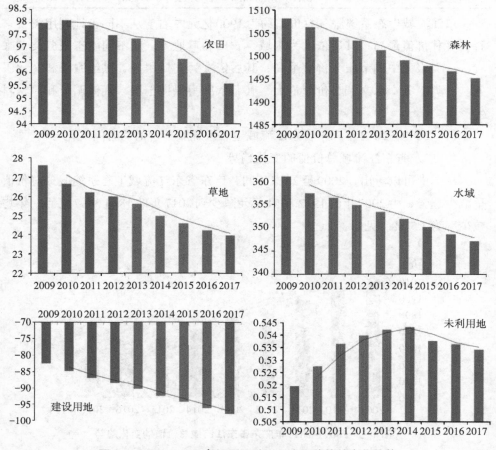

图3-3　2009—2017 年不同土地利用类型价值的变化趋势

3）不同生态功能价值的变化趋势

总体而言，单项生态系统服务价值中，除提供美学景观的功能外，其他功能价值呈现逐年减少的趋势。其中，食物生产、原材料生产、气体调节、气候调节、保持土壤、维持生物多样性这6类功能变化较小，统计年份内总计变化在1%左右；水文调节和净化环境两类功能次之，在4%左右；变化幅度最大的是水资源供给功能，达11%。见图3-4。

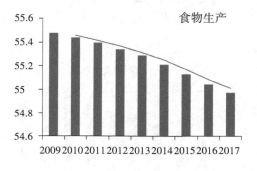

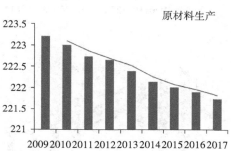

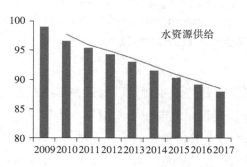

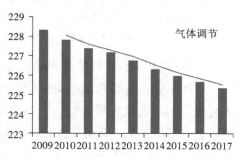

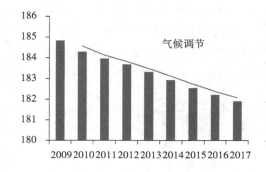

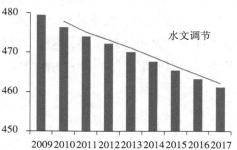

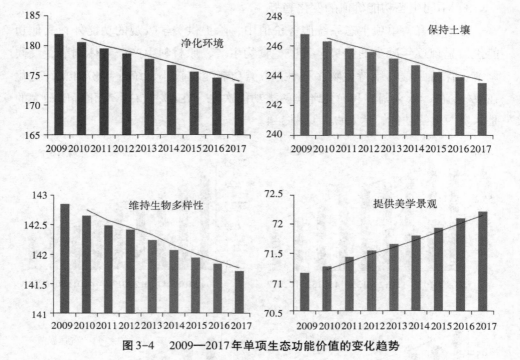

图 3-4　2009—2017 年单项生态功能价值的变化趋势

4）不同县市总价值的变化趋势

总体而言，各县市的生态价值均呈下降趋势，主要是因为近些年广东省东江流域经历了高速发展过程，人口密度、建设用地面积不断增加，严重破坏了流域生态系统平衡，降低了流域生态系统服务总价值。其中，增城区、深圳市、惠城区、惠阳区、源城区、东莞市这 6 市的生态价值在统计年份内总计变化在 4% 以上，深圳市、东莞市更是达到 10% 以上；而其他 12 个县市的变化在 0.5%～2.6% 之间，变化较小。见图 3-5，结合图 3-6，可以发现，变化较大的县市同时也是相对较发达的区域，这说明在经济发展的过程中，环境往往成为牺牲品，因此生态保护和生态补偿成为必要的课题。

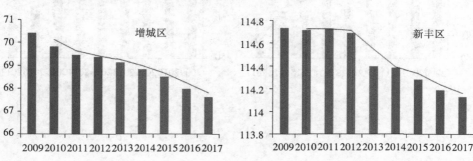

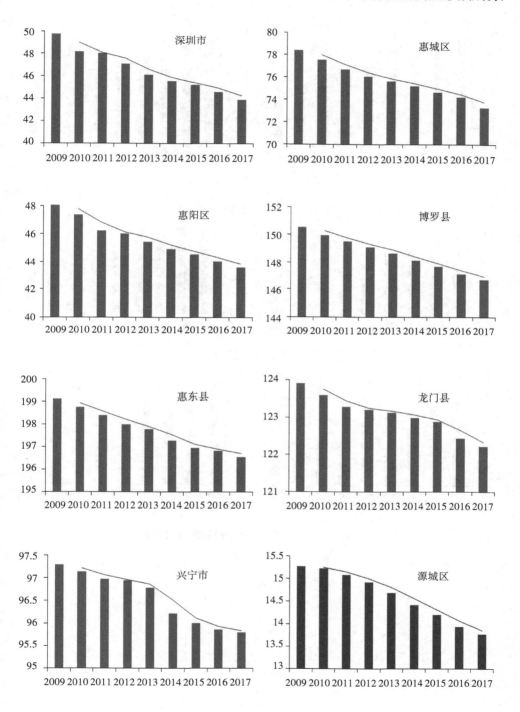

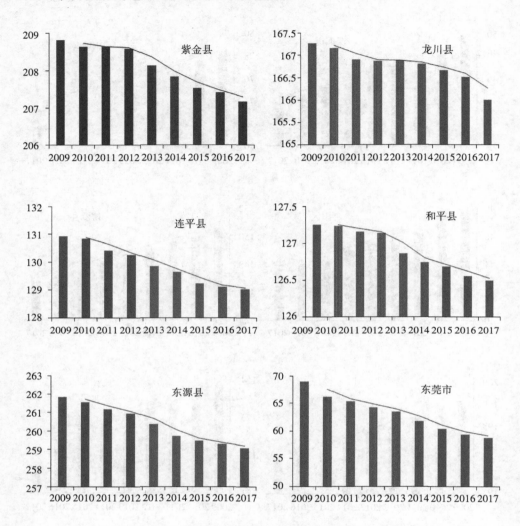

图 3-5　2009—2017 年不同县市生态功能价值的变化趋势

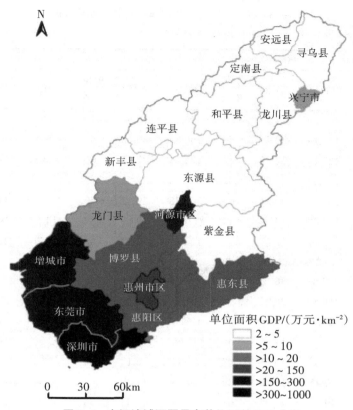

图3-6　东江流域不同县市单位面积GDP分布

（2）2009—2017年广东省东江流域生态系统服务价值的空间变化分析

根据数据样本，选取2009、2013、2017年作为时间节点，得到广东省东江流域各地单位面积生态系统功能价值（见表3-16）

可以发现，广东省东江流域生态系统服务价值的空间分布大致为中部>北部>南部。北部大部分地区的生态系统服务价值在5万元/hm²左右，中部大部分地区的生态系统服务价值在6万元/hm²左右，而南部大部分地区的生态系统服务价值低于3万元/hm²。广东省东江流域的单位面积生态价值平均约为5万元/hm²，其中东源县、增城区、新丰县、连平县、紫金县、惠东县、和平县、龙川县、龙门县、博罗县、惠城区（2017年低于平均值，但相差很小）高于广东省均值；兴宁市、源城区、惠阳区、东莞市、深圳市低于广东省均值，特别是惠阳区、东莞市和深圳市，仅不到3万元/hm²。

表3-16 2009、2013、2017年各地单位面积价值

价值/亿元；面积/万公顷；单位价值/万元·公顷⁻¹

区域	县市	2009年			2013年			2017年		
		价值	面积	单位价值	价值	面积	单位价值	价值	面积	单位价值
由北向南	兴宁市	97.29	20.57	4.73	96.8	20.60	4.70	95.81	20.60	4.65
	龙川县	167.27	30.43	5.50	166.89	30.45	5.48	166.02	30.45	5.45
	和平县	127.26	22.55	5.64	126.86	22.55	5.62	126.5	22.57	5.60
	连平县	130.93	22.50	5.82	129.86	22.51	5.77	129.04	22.47	5.74
	东源县	261.83	39.51	6.63	260.38	39.52	6.59	259.06	39.53	6.55
	新丰县	114.73	19.64	5.84	114.4	19.65	5.82	114.13	19.64	5.81
	龙门县	123.91	22.47	5.51	123.14	22.47	5.48	122.23	22.47	5.44
	源城区	15.27	3.41	4.48	14.7	3.45	4.26	13.78	3.49	3.95
	紫金县	208.81	36.10	5.78	208.13	36.11	5.76	207.18	36.12	5.74
	博罗县	150.54	28.01	5.38	148.69	28.04	5.30	146.74	28.05	5.23
	惠东县	199.13	34.93	5.70	197.79	34.97	5.66	196.56	34.99	5.62
	惠城区	78.46	14.45	5.43	75.66	14.52	5.21	73.31	14.57	5.03
	惠阳区	48.2	16.11	2.99	45.47	16.13	2.82	43.63	16.13	2.71
	增城区	70.45	11.26	6.26	69.16	11.49	6.02	67.64	11.60	5.83
	深圳市	49.78	19.05	2.61	46.14	19.35	2.38	43.92	19.46	2.26
	东莞市	69	24.01	2.87	63.49	24.19	2.62	58.8	24.28	2.42
	广东省	1912.87	365.00	5.24	1887.56	366.00	5.16	1864.35	366.43	5.09

3.2.3 结论

流域生态系统结构功能复杂多样，本研究将广东省东江流域划分为林地、耕地、建设用地、水域、草地和未利用地面积六种土地利用类型，并基于广东省自然资源厅历年发布的《广东省土地利用现状汇总表》的相关数据，利用生态当量因子，开展了广东省东江流域生态系统的重要服务功能及其价值评估，主要结论如下：

（1）广东省东江流域生态系统服务总价值约为1900亿元。各生态系统价值由大到小依次为森林、水域、农田、草地、未利用地和建设用地。从不同生态服务类型来看，一类服务中调节服务价值最高，其后依次为支持服务、供给服务和文化服务。二类服务中水文调节价值最大，其后依次为保持土壤、气体调

节、原材料生产、气候调节、净化环境、维持生物多样性、水资源供给、提供美学景观和食物生产。

（2）从时间变化特征来看，2009—2017年，广东省东江流域生态系统服务总价值呈减少趋势，由2009年的1912.8651亿元减少到2017年的1864.3497亿元，年均减少率为2.57%，说明流域生态系统的质量呈下降趋势。从不同土地利用类型、不同生态功能和不同县市来看，服务价值基本呈现下降趋势，与总体变化一致。

（3）从空间变化特征来看，2009—2017年广东省东江流域生态系统服务价值的空间分布大致为中部>北部>南部，各行政区生态系统服务价值由高到低依次为：东源县、增城区、新丰县、连平县、紫金县、惠东县、和平县、龙川县、龙门县、博罗县、惠城区、兴宁市、源城区、惠阳区、东莞市和深圳市，其中惠阳区、东莞市和深圳市的生态价值较低，仅不到3万元/hm²。2009、2013和2017年广东省东江流域生态系统服务价值高于5万元/hm²的面积占全流域面积的比例分别为77.22%、77.13%、77.09%，呈减少趋势，其中南部区域的生态系统服务价值减少得比较剧烈。

综上所述，通过对广东省东江流域生态系统服务价值及其流域内时间动态变化和空间分布格局分别进行了定量计算和详细分析，发现流域内的生态服务价值呈现下降趋势，主要原因为人类频繁活动和社会经济发展，经济发展使得大量的耕地、草地和未利用地等转变为建设用地，以供人类的活动需求。因此为保护流域生态环境，应及时建立和完善生态补偿机制和政策体系，通过调整相关主体利益及分配关系，协调生态环境保护与发展的矛盾，从而激励生态保护行为的制度安排。这不仅是完善环境政策和保护生态的重要措施，也是落实科学发展观和建设和谐社会的重要举措。

3.3 广东省东江流域生态环境问题分析

东江是广东省的重要饮用水源和重点水质保护区，不仅担负着广州、深圳、惠州、东莞及香港等地近3千万人口的供水任务，还担负下游灌溉、压咸、航运、"纳污"等任务，关系着珠三角地区和香港的繁荣稳定，被称为"生命水、经济水和政治水"。近年来，随着社会经济的高速发展，水资源供需矛盾日益尖锐，东江流域水污染日趋严重，由此致使，东江流域生态环境保护产生严重的问题。

3.3.1 东江流域生态保护存在的问题

首先，广东省东江流域尚未建立流域协作机制，生态保护的责、权、利不统一。为保护东江流域生态环境，广东省制定了《广东省东江水系水质保护条例》（2002 年）等一系列法律法规，实行严格的水资源管理制度。但广东省东江流域涉及面积大，社会发展水平差异较大，在水资源保护和水污染防治协作机制尚未建立的情况下，流域协同治理与保护缺乏有效沟通决策平台，生态保护的责、权、利不统一。主要表现在：第一，相关地区上下游范围难以确定，责任划分不明，如惠州等行政区域既是上游又是下游，既是受益方，又是环境保护的责任主体；第二，地方政府对水资源的分散化管理造成了部门职责的冲突，一定程度上造成"环保不下河、水利不上岸"的管理窘境，影响了对流域水环境的统一管理和保护；第三，广东省东江流域管理局作为流域综合管理机构，被限定在分散性的特定区域（如重要河段、边界河段和交叉河段）和特定范围（如取水许可限额）之内承担水管理职能，难以通过宏观调节来应对流域水质的恶化。

其次，广东省东江流域生态保护考核机制不完善。目前，生态保护的考核机制主要是建立在《广东省环境保护责任考核指标体系》（2012 年）（以下简称《体系》）基础上的，从实践来看，《体系》为广东省实施生态环境保护确立具体考核目标和责任细则方面发挥了很大作用，但由于行政职权划分，未能对不同主体功能区进行分类考核。东江流域跨越广东省多个不同主体功能区域，但考核指标要求却相同，导致部分地区考核标准与事实不符。此外，尚没有建立对村、镇两级水污染的考核体系，部分地区对"最后一公里"管理不到位，末端考核缺失，导致村镇生活污水、农业面源污染没有得到有效控制。

再次，广东省东江流域生态保护资金不足。由于水权市场尚未建立，没有充分发挥水价和水资源费在生态保护方面的经济杠杆作用，所以目前广东省东江流域生态保护资金主要以省级财政资金专项转移支付为主。随着社会经济的高速发展，东江流域水污染日趋严重，目前的保护资金难以有效满足东江流域水生态环境保护的需要。

最后，广东省东江流域水资源监控体系不完善。广东省东江流域现有监测站网布局尚未覆盖全流域，跨省、跨市重点断面及流域重点断面尚未实现水量、水质同步监测，重点水环境功能区和主要饮用水源地环境监测还需进一步加强，水土流失重点防治区的水土保持监测刚刚起步，流域监测监控能力建设还远不能满足流域综合管理需求，统一的监控、预警、调度平台尚待进一步整合完善。

3.3.2 广东省东江流域推动生态补偿的必要性

东江上游一年为下游广东境内提供约29.21亿 m³水资源。除了河源、惠州和东莞三市外，东江还是深圳、广州，特别是香港特别行政区的重要饮用水水源。仅东深供水工程的年供水能力就达到24.23亿 m³，其中供深圳8.73亿 m³（大约占其总用水量的66%）；供香港11亿 m³（占香港淡水用量70%以上）；东莞沿线乡镇4亿 m³。东江水质水量关系香港和珠三角东部城市群约4000万人的用水安全。

近年来，东江水资源开发利用已接近用水总量红线，流域内外供用水矛盾日益加剧。此外，东江源区水污染形势十分严峻，生态环境恶化趋势仍未得到有效遏制。而上游地区由于经济发展水平低，地方财政支出无法满足水环境治理的更高需求。因此，亟待一种有效的环境经济政策来推进东江源区的水资源保护和污染防治，保障流域水安全。

东江源头地区为保护和改善生态环境实施了退果还林、生态移民、关停矿山等一系列措施，发展严重受限。虽然近年来上游地区经济发展也不断加快，GDP平均增长率达到9%以上，但流域内95%的GDP集中在下游广东省的惠州、东莞、深圳三地市。上下游的巨大经济发展差距不利于流域社会稳定。因此，为补偿上游地区保护生态环境而发展受限造成的损失，缩小同下游地区的经济差距，应实施流域横向生态补偿。激励上游地区更好地保护流域水生态环境，让下游地区也承担保护流域生态环境的责任。

3.4 广东省东江流域生态补偿实践

为了保护东江水资源，广东省对东江水源区的生态环境保护加大资金投入，从财政资金渠道加大了林业、水土保持、环境保护等生态环境专项治理。从2006年开始，广东粤海集团每年从东深供水工程水费中拿出1.5亿元资金，交付上游的江西寻乌、安远和定南三县和河源市，用于东江源区生态环境保护建设。2012年以来，为贯彻落实科学发展观和绿色发展理念，广东省相继出台《广东省生态保护补偿办法》（粤府办〔2012〕35号）、《广东省生态保护补偿机制考核办法》（粤财预〔2013〕246号），为完善生态补偿制度进行了积极的探索。

目前广东省东江流域已实践的生态补偿包括中央政府和广东省政府对水库移民和生态公益林的补偿以及广东省政府对河源市的财政转移支付。现有生态补偿实践的补偿方式是以政府补偿为主，市场补偿为辅。政府补偿又以直接补偿为主，如财政补贴（财政转移支付）、安排生态建设专项（水土保持专项治理、天然林保护工程、水污染治理工程）等直接补偿形式。除直接补偿外，广东省东江流域还开展了水资源有偿使用等政府间接补偿形式。在市场补偿方面，广东省政府积极鼓励珠江三角洲企业到东江流域上中游地区建立产业转移工业园，推动当地经济发展，多渠道筹集生态补偿基金并开展生态补偿市场机制探索。

（1）对水库移民的补偿政策

东江的两座大型水库（新丰江水库和枫树坝水库）都位于上游的河源市。除了修建水库而淹没农田和房屋的直接经济损失外，水库移民还面临着移居后的生活困难，大多数水库移民的生活水平都低于当地的平均水平。20世纪80年代，广东省政府开始加大对水库移民工作的投入，但从1958年水库建库至2002年的45年间，对水库移民的人均补助每年不足100元。随后在中央政府和广东省政府的双重补偿政策下，东江流域两大水库库区移民的生活条件得到了较大的改善，已有21286户（约50%）移民的住房完成了改造，农村移民100%参加了农村合作医疗保险。

（2）对东江流域生态公益林的补偿政策

位于东江上游的河源市有国家级生态公益林158万亩，省级生态公益林617万亩（包括同时属于国家级生态公益林的135万亩），对于林农个人而言，林地被划为生态公益林后，不能种植经济林，不能砍伐，其直接经济损失是较大的。为此，国家和广东省都建立了生态公益林的生态效益补偿机制，通过财政转移支付来弥补林农的经济损失。1991年，广东省在全国率先开始实行生态公益林效益补偿制度，补偿标准不断提高。广东省政府安排生态建设专项资金治理保护东江水源区生态环境，从1992年起省财政每年安排4000多万元东江水系水质保护专项经费。2018年起，广东省实施新一轮生态公益林效益补偿提高标准政策，建立生态公益林分区域差异化补偿机制，完善国家级公益林的区划落界，推进了生态公益林立法和各项管理制度的规范完善。

据悉，对于广东的生态公益林分区域差异化补偿机制方面，在提高标准的基础上，经广东省人民政府审定，印发了《广东省省级以上生态公益林分区域差异化补偿方案（2018—2020年）》，将省级以上生态公益林按照特殊区域、一般区域、珠三角经济发达区域等3个区域，进行分区域差异化补偿。

在广东省财政生态公益林预算资金总额内，确定一般区域的补偿标准为每亩31元，2019年和2020年则分别升至每亩33元、每亩35元。依据生态保护红线划定成果，确定省级以上生态公益林的特殊区域，给予较一般区域高的补偿标准进行补偿，并逐年拉开差距，2018年特殊区域省级以上生态公益林效益补偿标准较一般区域每亩高出2.3元。广州、深圳、珠海、佛山、中山、东莞等珠三角经济发达的6个市的省级生态公益林由市县财政给予补偿。

（3）对河源市政府的补偿政策

广东省政府对河源市的补偿主要是通过财政转移支付的方式，自1993年起，广东省从新丰江、枫树坝两大水库发电电量中每千瓦时提取5厘钱用于库区上游水土保持生态建设，每年从东深供水工程税费收入中安排1000万元用于东江流域水源涵养林建设；自1995年起，广东省每年安排河源市经济建设专项资金2000万元（2002年提高至每年3000万元）作为对河源市保护东江水源水质所做贡献的适当补助；自1999年起广东省每年对东江水源区的市县进行财政转移支付，1999年到2004年财政转移支付共计10亿元。近年来广东省政府的财政转移支付力度逐年加大，保证了河源市各项公益事业的正常开展。

除了财政转移支付外，广东省积极支持珠江三角洲经济发达市（区）在东江水源区（河源、惠州等）建立产业转移园，发展低污染、占地少、高科技的项目，帮助水源区经济发展，减少水土资源的开发项目，在保护东江水资源环境的同时发展经济。转移支付的补偿方式虽然能直接为河源市提供保护东江水资源环境的各项工程、措施的经费，但无法补偿河源人民为保护东江所丧失的发展机会，这种机会成本难以量化与补偿。产业转移园的建设推动发展低污染、占地少、高科技的项目，不仅为河源人民提供大量发展机会与就业机会，也促进了河源市环保与经济和谐发展，从根本上解决了河源人民的发展问题。

东江流域在率先进行生态补偿的试点基础上，进一步推动上下游生态补偿探索。2016年10月19日，财政部、环境保护部在江西省南昌市举行东江流域上下游横向生态补偿机制协议签署仪式，以绿色发展理念为指引，扩大流域横向生态补偿范围，深入推进东江流域上下游横向生态补偿机制建设，大力促进东江流域水环境治理和保护。江西、广东两省人民政府签署了《东江流域上下游横向生态补偿协议》。协议明确了东江流域上下游横向生态补偿期限暂定三年。江西省和广东省共同设立东江流域水环境横向补偿资金,每年各出资1亿元。江西、广东两省依据考核目标完成情况拨付资金。中央财政依据考核目标完成情况确定奖励资金,中央奖励资金拨付给东江源头省份江西省,专项用于东江源头水污染防治和生态环境保护与建设工作。两省共同加强补偿资金使用监管,确保补偿资金按规定使用,充分发挥资金使用效益。

继跨省水质保护横向生态补偿之后,4月20日广东省环境保护厅公布的文件显示,2018年广东省将首先在东江流域开展试点,探索建立省内流域上下游横向生态保护补偿机制。以东江流域为试点推进广东省内跨市流域生态补偿工作,设想由省财政、下游城市、供水企业共同筹资,实行"双向补偿"的原则,即当上游来水水质稳定达标或改善时,下游补偿上游;反之,则由上游赔偿下游。也准备借鉴上述跨省补偿中的经验与做法。

目前,省环境保护厅会同省财政厅对水质监测标准、资金分配机制等进行了前期调研,进一步协调韶关、河源、梅州、惠州、东莞、深圳等市开展生态补偿工作。初步设想2018—2020年期间,省财政每年安排生态补偿资金,流域内下游城市每年按照从东江取水量和人均收入筹集资金,同时引入粤港供水有限公司共同出资,由省财政统筹管理。对上游城市按照各市行政区域内东江流域面积为分配基数,兼顾各市对水质保护贡献程度进行分配。

东江流域生态补偿起步较早,流域生态环境保护上也取得了一定的成效,但仍存在制度与实践两方面问题。首先,由于立法主体不同,东江流域生态补偿法规政策宏观居多,地方性法规特色不鲜明,相关配套性地方立法规定不完善。其次,东江流域生态补偿方式主要是政府财政转移支付,虽说进一步吸收了供水企业资金,但其补偿力度仍受限于政府财政,且很多补偿资金未真正用于生态环境保护之中,致使生态补偿效果大打折扣,推动生态保护的作用有限,需探索实践市场化生态补偿方式。最后,由于广东省采用流域管理与区域管理相结合的水资源管理模式实践不长,尚未建成有效的上下游生态补偿机制,且现行的东江流域生态补偿机制尚不完善,缺乏互相的考核评价和激励约束机制,生态补偿机制的评价指标体系不健全,并缺乏对流域生态补偿机制的有效监督,在生态保护上难以形成合力。因此,广东省东江流域生态补偿机制仍需进一步优化与完善。

4 流域生态补偿的理论依据

研究流域生态补偿首先需要了解流域生态补偿相关概念及理论，才能进一步阐释流域生态补偿的内涵与构成要素。本研究对流域生态补偿、生态补偿机制以及水权交易等概念进行阐释，从自然资源与经济学双视角进行理论分析，为流域生态补偿实证研究提供理论依据。

4.1 概念界定

4.1.1 生态补偿

生态补偿的概念主要包括三部分：首先，生态补偿的重点是通过政府和市场手段，对生态系统本身的损害（或保护）行为进行直接收费（或补偿），使外部问题内部化；其次，从环境政策体系来看，生态补偿广义上包括保护或建设生态系统和自然资源所获得的补偿，以及使用或破坏生态系统和自然资源所造成损失的赔偿，也包括对环境污染者的收费，狭义上只包括前一部分，与外部性的理解具有共同性；最后，生态补偿在规章制度和法律政策层面应实现制度化和规范化。可以看出，生态补偿包括对破坏行为的收费，对保护行为的补偿以及规范性的制度安排[17]。

生态补偿是以保护和建设生态环境、可持续利用自然资源为目的，在产权界定的基础上运用政府和市场等各类手段，对利益相关方使用或破坏生态环境和自然资源的行为进行收费以及对保护或建设生态环境和自然资源的行为进行补偿，从而调节利益相关方不同行为的环境利益及经济利益之间关系的制度安排[18]。由于广东省在排污收费以及水权交易等方面已有较为成熟的制度和法律体系，因此本研究对生态补偿的界定采用狭义的概念，即保护或建设生态系统和自然资源所获得的补偿以及使用或破坏生态系统和自然资源所造成损失的赔偿，建立适用于广东省经济社会发展需要的生态补偿机制。

4.1.2　流域生态补偿

流域是一个独立、完整、自成系统的天然集水单元，是水资源在生态系统内的空间存在形式[22]。流域的核心是流域水资源，因此流域生态补偿又可以称为流域水资源生态补偿，是生态补偿在水资源保护中的具体应用。

流域水资源是一种宝贵的自然资源。在一定时期内，各行政区划对流域水资源的使用会产生明显的竞争性。一个区域对水资源的过度使用会减少其他区域的可用水资源总量，进而严重影响其他区域的经济发展[23]。因此，为了平衡各方利益，避免出现各行政区划对水资源使用的恶性竞争，有必要进行流域生态补偿，调整保护建设或使用破坏流域生态环境和水资源行为背后的环境利益与经济利益的分配关系，实现水资源的可持续利用[24]。

基于以上分析，流域生态补偿是以保护和建设流域生态环境并可持续利用水资源为目的，在产权界定的基础上通过运用政府和市场等各类手段，对利益相关方使用或破坏流域生态环境和水资源的行为进行收费以及对保护或建设流域生态环境和水资源的行为进行补偿，从而调节利益相关方不同行为的环境利益及经济利益之间关系的制度安排。

4.1.3　生态补偿机制

生态补偿机制是"生态补偿"与"机制"这两个重要概念的有机结合，是解决生态环境保护与资源可持续利用相关问题的重要制度学概念[19]。机制是指一个客观系统的各子系统或组成部分之间符合一定规律的运行过程和运作方式。根据机制的概念，"生态补偿机制"从概念上可以理解成是生态补偿的各子系统或组成部分之间符合一定规律的运行过程和运作方式，其内涵主要包括目的定位、基本性质、外延范围、利益相关者、补偿标准和补偿方式[20]。其中，目的定位是生态补偿机制构建的溯源或根本原因，生态补偿机制与生态补偿都以保护和建设生态环境并可持续利用自然资源为根本目的；基本性质是指生态补偿机制的基本属性以及在发挥公共环境政策作用时的作用对象和方向，是调整保护建设或使用破坏生态环境和自然资源行为背后的环境利益与经济利益的分配关系；外延范围决定了生态补偿机制政策的适用边界，即区域生态环境和自然资源保护领域；利益相关者、补偿标准与补偿方式是构建生态补偿机制的核心内容[21]。

基于以上分析，生态补偿机制是以保护和建设生态环境并可持续利用自然资源为目的，以准确界定补偿主客体、合理选择补偿方式和科学计算补偿标准为主要内容的一种机制。在产权界定的基础上，通过运用政府和市场等各类手段，对利益相关方使用或破坏生态环境和自然资源的行为进行收费以及对保护或建设生态环境和自然资源的行为进行补偿，使外部问题内部化，从而调节利益相关方不同行为的环境利益及经济利益之间关系，保证生态补偿顺利实施。

4.1.4　水权交易

水权交易是用经济手段进行水权再分配的一种形式，为了生产、生活、生态发展等目的，通过市场流通已明确界定的水权，使水资源得到合理配置和有效利用[10]。水权交易既可以是水资源使用权的部分或全部消费性或非消费性、持续或非持续的转让，也可以是永久的或短期的、正规的或非正规的转让[11]。根据水权交易的不同类型及对社会经济和环境等影响程度的不同，有些水权交易不需要向政府有关部门申报，如灌区之间或灌区内部农民之间的交易；有些水权交易必须向政府有关部门申报，如部门之间（农业和工业部门之间）、地区之间或流域内部较大范围内的水权交易等[12]。向政府部门申报水权交易是政府干预水市场、防止水权交易对第三方和环境等造成潜在负面影响的十分有效和常用的办法[13]。

水权交易可以促使水资源从低效益单用途向高效益多用途转变[14]，从丰水区向枯水区转移，实现单位水资源产出的最大化，刺激用户考虑用水成本而减少浪费，促进节水技术的推广，发展节水产业，降低需求量，抑制水资源的退化，实现循环利用[15]。按照所有权、经营权、使用权分离的原则，水权交易包含了两层含义：水权初始分配与水权的再分配。由于水资源属于国家所有，即全民所有。因此，必须先进行初始水权的分配，再进行再分配[16]。

4.2　自然资源视角下流域生态补偿理论依据

流域作为自然资源，不同于一般商品，本次研究参照前人的研究方法与理论经验，选取生态系统服务价值理论和水资源价值理论作为东江流域价值测算的理论依据，为构建广东省东江流域生态补偿机制提供基础。

4.2.1　生态系统服务价值理论

生态系统服务价值可分为使用价值和非使用价值两类[25]。Costanza（科斯坦萨）（1997）对生态系统服务功能的分类及价值核算进行了深入研究，每年对全球生态系统服务价值进行定量测算[26]。这些研究在社会各界引起了巨大反响，极大地促进了生态系统服务价值理论的成熟与发展。生态系统服务价值理论认为生态系统可以分成自然生态系统和社会经济系统两部分，其中前者可以分为生命系统和环境系统两部分，后者可以分为生产力系统和生产关系系统两部分[27]。生态系统是一个复杂的多元系统，其复杂的体系结构决定了广泛的服务功能，主要体现在生态、经济和社会三个方面[28]。生态功能为系统内所有对象提供基本的环境条件与效用，是生态系统的主要功能，具体表现在提供生命生存与延续的环境系统、供给生物生活与发展的物质资源、保证维持生命物质的循环系统；经济功能是指生态系统在进行物质循环、能量转换和信息沟通的过程中通过第一性生产与第二性生产为人类提供直接物品的功能，通过各种生产过程将各种生产要素转变为种类丰富的最终产品的功能，以及通过各类交换市场满足消费者不同需求的诸多功能的总称；社会功能是指生态系统通过娱乐共享、文化传承、知识传播满足人类精神生活的功能[29]。

生态系统服务价值可分为使用价值和非使用价值两类，其中前者包括直接使用价值、间接使用价值和选择价值三类，后者则包括遗产价值和存在价值两类[30]。直接使用价值是指可直接统计并核算的价值，通常这类价值可以在市场上通过交易体现，但是因为部分产品是供自己消费，没有在市场上进行交易，因此不能只统计市场交易数据，还需要统计供自己消费的产品价值。间接使用价值则是指生态系统所具有的无法通过市场交易来衡量的价值，如前面提到的作为生命系统和环境系统的价值[31]。间接价值一般在生态系统对系统内所有对象或绝大多数对象服务的过程中体现，因此无法精确核算，只能根据类型特点运用替代法等方法间接计算。选择价值是指为了将来能够使用生态系统价值而选择的支付意愿，选择价值兼具使用价值与非使用价值的特性，其中使用价值体现在自己将来利用，而非使用价值体现其他人将来使用的价值。存在价值则是指生态系统本身所具有的内在价值，是生态系统固有属性的经济表现，因此存在价值可以理解成一种过渡性价值，介于经济价值与生态价值之间。

从生态系统服务价值的分类可以看出，当前的分类方法存在一定的局限。

一方面，有些价值之间还具有一定程度的重叠，相互之间并没有十分清晰的界限，精确的量化计量更是难以进行；另一方面，无法确定当前分类是否包括了生态系统的所有价值，可能忽略了人类尚未发现的生态系统其他价值类型。生态系统服务价值理论对生态系统的功能和价值进行了系统阐述与分析，明确了生态系统所具有的重要价值，强调了保护生态系统的必要性和重要意义，为生态补偿的开展提供了理论支持。构建广东省东江流域生态补偿机制的目的是保护流域水资源与生态环境，维护流域生态系统的功能及价值，实现流域水资源的可持续利用与发展[32]。因此生态系统服务价值理论可作为广东省东江流域生态补偿机制的理论基础之一，将指导并支撑广东省东江流域生态补偿机制的构建。

4.2.2　水资源价值理论

水资源价值是流域生态系统服务功能和服务价值的来源与载体，水资源价值理论也是进行流域生态补偿、实现水资源可持续开发与使用的重要理论基础[33]。水资源的属性决定了水资源的功能。天然条件下，水资源的基本性质决定了水资源具有自然、环境和生态三种基本属性。随着水资源属性的不断扩展，在自然属性、环境属性和生态属性的基础上新增了社会属性和经济属性。水资源的自然属性是指由于水元素的物理化学特性而为水资源带来的基本属性，具体来说就是指水元素一定条件下在固态、液态和气态间转化的特性使得水资源能够以不同的形态在大气、地表、土壤和地下之间循环[34]。因此水资源具有可再生和在时间、空间上分布不均匀的特点，能够直接或间接地参与自然界的众多物质活动。水资源的生态属性主要是指水资源对生态系统发展和变化具有重要的调控作用。水资源的环境属性是指其在自净、纳污和景观等方面的作用。水资源的社会属性是指水资源作为公共自然资源，其根本所有权应归国家所有，但是在一定范围内，所有用水集体和个人都具有平等的基本使用权。水资源的经济属性是指作为生产资料，水资源具有明显的经济价值，并随着水资源开发利用程度的不断加深而愈加凸显。也就是说，在可用水资源总量一定的情况下，经济主体会直接竞争水资源的使用权，进一步增强水资源的经济价值。水资源价值理论从最开始的以劳动价值论、效用价值论为基础到当今的以生态系统服务价值理论为基础，在发展中不断完善、不断进步。配第最早提出劳动决定价值的观点，亚当·斯密和大卫·李嘉图对其进行了进一步的研究[35]。马克思在前人研究的基础上提出了全新的劳动价值论，认为商品具有价值和使用价值两个基本属性，使用价值是价值的载体，如果使用价值不存在，价值就没有意义。根据马克思的理论对水资源价值进行分析，则会形成两种观点：一种观点认为水资源作为自然资源，其中并不具有人类劳动，因此不具有价值；另一种观点认为随着经济的发展和时代的变化，为了维持经济的快速发展，人类投入具体的成本进行水资源的开发与管理，水资源等自然资源已经蕴含了人类劳动的成果，因此具有价值。

生态系统服务价值理论认为自然资源是生态系统的一部分，各类自然资源的独特属性使其具有特定功能，进而决定了其所具备的生态系统服务价值[36]。以生态系统服务价值理论为基础的水资源价值理论将水资源作为全球生态系统的重要组成部分，以水资源的广泛功能为出发点，按照使用价值（直接使用价值、间接使用价值和选择价值）和非使用价值（遗产价值和存在价值）的分类方法对水资源价值进行分类，从经济、社会、自然等多方面对水资源进行评估，为全面、客观地分析水资源价值提供了更科学的思路与方法。

从以上分析可以看出，基于生态系统服务价值理论发展而来的水资源价值理论明确了水资源的重要价值，为广东省东江流域生态补偿机制的构建提供了有力的理论支持，同时对水资源价值进行了合理分类，为流域生态补偿标准提供了重要参考。

4.3　经济学视角下流域生态补偿理论依据

流域作为公共产品，关于其生态补偿的研究需要经济学理论的支撑。基于广东省东江流域生态补偿实际，本次研究选取公共物品理论、外部性理论、产权理论、博弈论和可持续发展理论共同构成了广东省东江流域生态补偿的经济学理论基础，对广东省东江流域生态补偿机制的构建具有重要的支持与指导作用。

4.3.1　公共物品理论

公共物品理论是构建流域生态补偿机制的重要基础理论之一。美国著名经济学家萨缪尔森对公共物品做出过严格的经济学定义，运用二分法将物品分为公共物品和私人物品两类[37]。公共物品是指某一消费者对某种物品的消费不会降低其他消费者对该物品消费水平的物品，与私人物品相比，公共物品具有消费上的非排他性、非竞争性和效用不可分割性的基本特征。非排他性是指某物品的消费不受人数限制，即不能阻止任何人对该物品进行免费消费；非竞争性是指使用者之间不用通过竞争来获得物品的使用权，即不同使用者对物品的消费之间互不影响。是否具有非排他性和非竞争性是物品分类的关键标准，根据这一标准可以进一步将私人物品和公共物品分为纯私人物品、纯公共物品和准公共物品[38]。自然资源是最典型的公共物品，其中不同类别的自然资源由于其覆盖范围与自身特性的差异，又可以划分为纯公共物品与准公共物品（又称"混合公共物品"）。例如，国家级的重要生态功能区自然资源丰富、覆盖范围广，具备非常明显的非排他性和非竞争性，就是典型的纯公共物品。而某一个具体城市的水源地，因为其地理位置的特点，可以排除其他城市的人享受水资源，因而具有排他性。但是对于该城市的人来说，增加一个该城市的居民对水源的享用并不影响该城市其他居民对水源的享用，因此具有非竞争性，可以划分成准公共物品[39]。

广东省东江流域的流域水资源可以定义为准公共物品。首先，从排他性的角度来看，由于东江流域在广东省内覆盖多个行政区域，水资源在使用开发过程中无法排除他人对流域水资源的使用，因此具有非排他性。其次，从竞争性角度来看，广东省东江流域在一段时间内可用水资源的总量是有限度的，特别是从水质和水量的角度来看，当某些区域对流域水资源过量使用时，会明显影响其他区域的使用效用。尤其是随着经济的不断发展，全社会对优质水资源的需求量日益增加，此时流域水资源使用开发的竞争性以及水资源本身的稀缺性也表现的更加明显。因此流域水资源具有典型的竞争性和非排他性，属于典型的准公共物品。流域水资源准公共物品属性使得广东省东江流域覆盖的各行政区域都能免费无偿使用流域水资源，自然会出现"搭便车"情况。一些行政区域会过度使用或开发流域水资源以实现自身利益最大化，进而导致流域水资源的枯竭，产生的长期严重负面影响则由整个社会来承担，"公地悲剧"现象也难以避免。基于以上认识，在流域水资源所固有的公共物品属性无法更改的前提下，为了实现广东省东江流域水资源的可持续利用，避免"搭便车"和"公地悲剧"现象的一再重演，应当构建流域生态补偿机制，对流域水资源过度使用者、破坏者和受益者进行收费，对流域水资源节约使用者、保护者和提供者进行补偿，从公共服务着手对流域水资源的开发利用作进一步的优化，以此实现流域水资源的可持续使用与发展。因此，公共物品理论是构建广东省东江流域生态补偿机制的理论基础之一。

4.3.2 外部性理论

外部性，也被称为"外部效应"或"外部经济"。外部性来源于个体边际成本与社会边际成本差异以及个体边际收益和社会边际收益的差异，并将外部性分为正外部性和负外部性两种，其中正外部性来源于社会边际收益大于个体边际收益，负外部性来源于社会边际成本大于个体边际成本。同时，庇古认为外部性使得市场机制不能发挥作用，必须通过政府手段来解决外部性问题。科斯以交易成本作为切入点对外部性进行了深入的阐述与分析，并提出与庇古不同的观点。他认为由于市场本身具有自我调整和自我校正的功能，只要满足交易成本足够小且产权清晰界定的条件，市场机制本身就能解决外部性问题。除了马歇尔、庇古和科斯，还有很多学者都对外部性的概念进行了解读。Douglass（道格拉斯）等（1973）同样把外部性理解成社会与个人之间的收益或成本的差额，也就是说有其他方在未经允许时支付了成本或享受了收益[40]。盛洪（1995）认为，外部性产生于至少有一方没有完全支付其行为所导致的成本或获取其行为所引起的收益[41]。换句话说，只要至少有一方获取了另一方的收益或支付了另一方的成本，外部性就产生了。萨缪尔森和诺德豪斯认为，外部性可以理解成是经济活动以外的其他经济主体所被动承受的来自正在进行经济活动的经济主体的收益或成本。从以上多位学者对外部性的阐释与分析可以看出，当前学界对外部性的理解上存在三点共识：第一，都认可市场无法消除外部性这个事实，也就是说外部性是一方的行为对另一方所造成的一种无法通过市场自动调节的外部效应，所以效应的产生方并不会因为其经济行为而获得回报或付出代价；第二，都一致认可外部性的正负作用，即都认为正的外部性即外部收益可以导致总效益增加，负的外部性即外部成本可以导致总效益减少；第三，都同意是经济主体之间的经济活动产生了外部性，同时这种外部性是一方经济主体被动承受的[42]。

解决外部性的方法主要有政府手段和市场手段两种，两种方法解决外部性的思路不同，适用范围也不一致，各有优势与不足。其中政府手段是对庇古思想的继承与发展，认为外部性使得市场机制无法发挥应有的作用，即"市场失灵"。因此只能通过市场以外的力量也就是政府的强制性手段来消除外部性，如政府可以对产生负外部性的主体征税，额度等于个体和社会之间边际成本的差额，或政府可以对产生正外部性的社会主体进行补偿，额度为个体和社会之间边际收益的差额[43]。在政府手段的作用下，外部性对经济活动的不利影响就可以消除。政府手段更多的依赖于政府干预，认为市场机制不能自动实现资源配置的帕累托最优。然而，政府手段亦有不足之处，主要表现在个体和社会之间边际收益和边际成本之差的计算上。在现实中，个体的边际收益和边际成本的确定相对来说难度不大，但是社会整体的边际收益和边际成本却较难核算。不仅如此，由于信息交流与监督不力的情况，政府有时也会出现失灵的现象，同时政府手段会带来一定程度的组织管理成本。市场手段则是对科斯思想的继承与发展，认为在解决外部性的过程中，不应过多关注成本之间的比较，而应该将关注的重点放在尽可能减少经济主体因外部性而遭受的损失上，并指出只要满足交易成本足够小且产权清晰界定的条件，就可以把外部性问题产权化，即内部化[44]，然后通过讨论、协商或者产权交易等各种市场手段来解决外部性问题。然而，市场手段同样也存在不足之处，主要表现在产权化的实现上。因为在实际补偿中，这恰恰是最难以实现的地方。所以，市场手段适合产权比较容易清晰界定的情况。同时，由于市场手段使得市场机制可以继续发挥作用，因此企业和个体更加倾向市场手段。因此，外部性理论是进行广东省东江流域生态补偿机制研究的理论基础。

4.3.3 产权理论

产权是指物品的所有权，是经济所有制关系在法律中的具体表现。从产权的角度看，市场交易的本质就是产权的交易，因此产权的清晰界定是市场交易的前提和根本保证[45]。生态补偿机制是为了实现生态资源的可持续利用而构建的一种利益平衡机制，因此生态资源产权的清晰界定是生态补偿利益相关方支付补偿或获得补偿的前提和基础。只有明确界定生态资源的产权，才能在生态资源与经济主体之间形成一一对应的责任关系，才能根据经济主体的行为对生态资源的影响效果来判断该经济主体在生态补偿中的主客体身份，进而才能使相关利益相关方支付补偿或获得补偿。

Demstez（德姆塞茨）（1967）在科斯的基础上对产权理论进行了更深入的研究，他认为产权的重要性体现于产权能够引导人们在更大程度上实现外部性的内部化，并使经济主体对自身与他人之间的交易形成合理预期，而这种预期能够通过法律、传统和道德进行表达[46]。张五常（2000）综合了前人的研究成果，对产权理论做出了新的贡献[47]。他改进并发展了企业理论，认为可以将企业也理解成是一种市场制度，这种制度的形成是用高效率的市场代替了低效率的市场，同时他用实证分析方法对产权进行研究，并再次强调了交易费用的重要性。

广东省东江流域生态补偿的顺利开展首先就需要明晰产权，确定流域水资源相关权利的初始分配。根据相关法律规定，水资源属于国家所有。所以广东省东江流域水资源的产权明确属于国家，而政府是人民选举出来管理国家、行使国家权力的机构，因此政府可以代表国家拥有东江流域水资源的产权。基于以上认识，本研究基于广东省东江流域现行水资源分配方案，为广东省东江流域生态补偿的开展提供理论保证。

4.3.4　博弈论理论

博弈论是研究行为主体的行为在直接相互影响时行为主体如何进行决策以及决策均衡的理论，是对矛盾和合作的规范研究。博弈论思想的主要特征是博弈参与方所采取的行为相互依存，各博弈参与方在决策后所实现的收益不仅取决于自己的决策，同时也依赖于其他博弈参与方的决策，是各参与方决策行为组合的函数。Von Neumann（冯·诺依曼）（1944）和 Morgenstern（摩根斯坦）（1944）合著的《博弈论和经济行为》是公认的博弈论理论产生的标志[48]。两人在这本书中对博弈论进行了系统研究，在总结以往研究成果的基础上对博弈论的一般框架、概念术语和表述方法进行了界定与阐述，并正式提出了构建博弈论理论体系的思想。虽然两人的研究与现代博弈论在研究方向和重心上有明显区别，但是他们的研究成果极大地促进了博弈论的发展，特别对博弈论在经济学中的应用起到了巨大的推动作用，使得博弈论有了经济学这个最好的应用对象，为博弈论最终完全融入现代经济学体系奠定了坚实的理论基础。在此之后，纳什对非合作博弈进行了深入研究，系统阐述了博弈与经济均衡的关系，并明确提出了在博弈论中具有重要地位的关键概念——"纳什均衡"。Selten（泽尔腾）（1965）运用动态分析方法对纳什均衡进行了系统研究，并提出了在博弈论中具有广泛应用的重要概念——"子博弈完美纳什均衡"[49]。Harsayi（海萨尼）（1967—1968）对不完全信息在博弈论中的具体应用进行了深入分析，并在研究基础上提出同样具有重要应用价值的"贝叶斯纳什均衡"概念。这些研究是博弈论关键点上的重大突破，使得博弈论进入了一个不断取得丰硕研究成果的黄金发展阶段，这三位学者也因为他们对博弈论发展做出的突出贡献而共同荣获1994年的诺贝尔经济学奖，同时也成功确立了博弈论作为经济学分支的地位。此时博弈论的研究均采用博弈参与方是"完全理性"的假设条件，这一类博弈统称为古典博弈[50]。Smith（史密斯）（1974）则对博弈参与方"完全理性"的假设条件进行了调整，假设博弈参与方是"有限理性"的，并在此基础上基于达尔文的生物进化论提出了演化博弈的思想和演化稳定策略的重要概念，并对演化博弈进行了深入系统的研究，使得博弈论有了进一步的发展。[93]

根据博弈论理论，博弈有多种分类。首先根据博弈的逻辑基础，即博弈参与方的理性程度，博弈可以分为古典博弈和演化博弈两大类，其中古典博弈的逻辑基础假设博弈参与方是完全理性的，演化博弈的逻辑基础则假设博弈参与方是有限理性[51]。在古典博弈中，按照博弈参与方采取决策的时间是否相同可以分为静态博弈和动态博弈两种。静态博弈是指所有博弈参与方采取决策的时间相同，或者即使没有同时采取决策，但是每个博弈参与方并不知道其他博弈参与方的决策内容。动态博弈则是指博弈参与方采取决策的时间有先后顺序，并且后采取决策的博弈参与方能够知道先采取决策的博弈参与方的决策内容；按照博弈参与方是否掌握其他参与方的博弈信息，博弈又可以分为完全信息博弈和不完全信息博弈，其中前者要求掌握，后者要求不掌握；按照博弈参与方之间是否存在约束机制，博弈又可以分为合作博弈和非合作博弈两类，如果存在就是合作博弈，不存在就是非合作博弈。在上述众多分类中，古典博弈中的完全信息静态博弈是基础的博弈，其研究的方法和结论对其他类型的博弈均有重要的参考价值和借鉴意义，演化博弈则是更符合客观事实的博弈，在各个领域均有广泛的应用[52]。

广东省东江流域生态补偿涉及众多行为主体，每一个主体采取的每一个行为都会或多或少的对其他主体产生影响。在这种情况下，每一个行为主体都会根据其他行为主体的行为，结合自身实际情况以及当前经济社会环境做出对自身最有利的行为决策，特别是利益趋同的行为主体之间会有互相联合形成利益共同体的倾向，并与其他利益共同体进行不断的博弈，以实现整个群体的利益最大化或达成某种均衡状态。在整个博弈的过程中，所有行为主体的行为和由此造成的效果是相互影响、相互作用的。因此，运用博弈论理论能够对广东省东江流域生态补偿各利益相关方的决策行为及其背后的深层原因进行深入研究，并根据研究结果对广东省东江流域生态补偿主客体的界定提供决策参考和理论支持。因此，博弈论理论是构建广东省东江流域生态补偿机制的理论基础之一，对广东省东江流域生态补偿主客体的界定具有重要的指导意义。

4.3.5　可持续发展理论

可持续发展是一种以持续发展为目的并强调稳定与和谐的新型发展方

式[53]。可持续发展努力实现各个维度的均衡发展，要求相关指标保持不断增加的动态变化，至少整体上看不是逐步降低的趋势。它首先强调发展，认为发展是解决社会问题、提高人类福祉、促进人类文明进步的关键。其次强调持续，对发展进行了一个时间上的要求，认为发展是一个长期可持续的过程，不能为了短期利益竭泽而渔，不能只顾眼前不管将来，一定要把现在的发展和未来的发展紧密结合起来，努力实现各方面的综合协调可持续发展。因此，可持续发展对于资源的可持续利用与环境保护具有非常重要的意义。

可持续发展理论为人类解决经济发展与资源环境使用破坏之间的冲突提供了科学的解决思路与方法，对经济的稳定发展和地球生态的保护建设做出了巨大贡献[54]。第一，可持续发展理论对经济增长的理解进行了修正与升华。可持续发展理论将可持续的经济增长与以往以破坏生态系统为代价的"经济增长"区分开，认为经济增长与环境保护并不是不相容的，应该在发展经济的过程中努力促进生态资源的可持续开发利用，减少单位经济活动的资源损耗，提高经济发展质量；第二，可持续发展理论理清了"经济发展"与"经济增长"的区别与联系，在发展过程中将关注的重点放在发展上而不仅仅是增长上。可持续发展是以不断提高生态系统服务价值和居民生活质量为目标，"经济发展"的内涵远远大于"经济增长"，发展应该是运用科学合理的综合手段在不降低人类生活环境水平和不破坏生态资源的前提下实现社会发展的各个目标，而不是如以往一样只关注GDP的增长；第三，可持续发展理论强调了环境与生态资源的重要性，认为环境承载力是有一定上限的，提出在发展经济的过程中必须时刻关注和警惕经济活动对环境以及生态资源的负面影响，并认为在必要的时候应当借助政府手段来强制实现可持续性；第四，可持续发展理论强调了环境与生态资源的经济价值，提出在市场经济中，环境与生态资源的服务价值应当被充分考虑并在商品价值中予以体现[55]；第五，可持续发展理论提出国家政策与法律是保证资源可持续利用的重要维护力量，并强调这是一个全民参与和全民支持的长期事业，需要改变以往不同政府机构单独制定和实施政策的做法，从更全面与更综合的角度来进行有关政策的制定和落实。

根据可持续发展理论，可持续发展应符合公平性、持续性、共同性和时序性四个基本原则。其中公平性原则强调当代地球居民和未来地球居民之间拥有平等使用地球上生态系统服务功能和自然资源的机会，享有公平的发展权；持续性原则是指人类对地球生态资源的开发与使用不是一个短期项目或临时工程，而是一个长期的发展过程；共同性原则是指虽然世界各国的现实情况和发展水平以及所选择的经济发展和国家建设道路均不完全相同，但是各国对良好生态环境的需求和促进地球生态资源可持续利用的共识是一致的，各国是一个命运共同体；时序性原则是指各国发展水平不一致，当前经济发展的重点也有所差异，但是在发展过程中都要注重国内生态环境和生态资源的保护与合理利用。在流域生态补偿领域，可持续发展理论的四个基本原则表现方式也有所侧重，公平性原则更强调在当前的流域经济活动中利益相关方所承担的成本与获得的效益应该也只应该跟其经济行为对流域生态资源的影响有关，而与其具体身份、社会地位以及经济实力无关；持续性原则更进一步关注水资源利用的可持续性与合理性，强调在发展经济的过程中对资源和环境的开发与利用应始终维持在一个科学合理的水平，使流域生态资源特别是水资源能够稳定的发挥作用；共同性原则更关注局部与整体的关系，因为水资源的流动性，流域生态环境或资源的负面影响很可能从局部流域扩散到全流域，这也要求决策者应该具备更宏观的眼光和格局，从全流域的角度来考虑和分析流域生态补偿中的相关问题；时序性原则表明不同区域因发展程度的不同在承担流域生态环境保护的责任与义务时也应该具有差异性，但是无论是发达区域还是不发达区域，在发展经济的过程中都应该始终坚持可持续发展要求，努力做到经济发展与环境保护的可持续协调。

构建广东省东江流域生态补偿机制的根本目的是保护东江流域生态环境并可持续利用流域水资源。以可持续发展理论为指导构建东江流域生态补偿机制能够在维护流域生态环境和水资源的前提下始终坚持发展的理念，努力满足流域居民对美好物质文化生活的需要，同时密切关注生态环境和生态资源的使用和保护情况，让被破坏的环境与资源得到重新建设，让被过度使用的环境与资源得到恢复修整，保证经济发展与资源开发使用的协调与稳定。同时能够运用外部手段改善流域的自净能力，提高流域的净化效率和净化质量，缩短水体的恢复周期，修复因经济快速发展而导致流域的水资源枯竭、水体污染和富营养化等各种水资源问题。

广东省东江流域生态补偿机制是在保持经济社会不断发展和人民生活质量稳步提高的同时实现流域生态环境保护建设以及流域水资源可持续利用与发展的重要保证，是可持续发展理论在生态补偿领域的具体应用。因此，可持续发展理论是构建广东省东江流域生态补偿机制的纲领性理论和重要理论基础，贯彻于流域生态补偿的各个环节。可持续发展理论与流域生态补偿机制互相融合、互相促进，二者有机结合共同发挥作用促进东江流域生态资源的可持续利用与发展。

4.4 法律、法规文件及其他参考资料

4.4.1 法律、法规文件

（1）《中华人民共和国水法》（2016）

（2）《中华人民共和国环境保护法》（2014）

（3）《中华人民共和国水土保持法》（2010）

（4）《中华人民共和国水污染防治法》（2008）

（5）《中共中央国务院关于加快推进生态文明建设的意见》（2015）

（6）《水利部关于加快推进水生态文明建设工作的意见》（2013）

（7）《国务院办公厅关于健全生态保护补偿机制的意见》（2016）

（8）《国务院关于深化泛珠三角区域合作的指导意见》（2016）

（9）《关于水权转让的若干意见》（2005）

（10）《国务院关于实行最严格水资源管理制度的意见》（2012）

（11）《水利部关于加强水资源用途管制的指导意见》（2016）

（12）《关于深化水利改革的指导意见》（2014）

（13）《水污染防治行动计划》（2015）

（14）《水利部关于印发〈水权交易管理暂行办法〉的通知》（2016）

（15）《水利部关于开展水权试点工作的通知》（2014）

（16）《水利部关于加强水资源用途管制的指导意见》（2016）

（17）《中共广东省委、广东省人民政府关于加快我省水利改革发展的决定》（2011）

（18）《广东省人民政府办公厅关于健全生态保护补偿机制的实施意见》（2016）

（19）《广东省实施〈中华人民共和国水法〉办法》（2014）

（20）《广东省实行最严格水资源管理制度考核办法》（2016）

（21）《广东省生态保护补偿办法》（2012）

（22）《广东省水权交易管理试行办法》（2016）

（23）《广东省饮用水源水质保护条例》（2010）

（24）《广东省人民政府办公厅印发广东省东江流域水资源分配方案的通知》（2008）

（25）《广东省生态保护补偿机制考核办法》（2013）

（26）《广东省水利厅关于做好我省水权试点工作的通知》（2017）

（27）《广东省水利厅关于印发〈广东省水权交易论证技术指南（试行）〉的通知》（2017）

4.4.2 理论资料

（1）《福利经济学》（A.C.庇古）

（2）《公共部门经济学》（C.V.布朗，P.M.杰克逊）

（3）《财产权利与制度变迁——产权学派与新制度学派文集》（R·科斯，A·阿尔钦，D·诺斯）

（4）《微观经济学原理》（高鸿业）

（5）《产权经济学：一种关于比较体制的理论》（平乔维奇）

（6）《发展经济学概论》（谭崇台）

（7）《资源经济学：从经济角度对自然资源和环境政策的探讨》（兰德尔）

（8）《生态经济学原理与应用》（樊胜岳，王曲元，包海花编著）

（9）《微观经济学：分析和政策》（雷诺兹）

（10）《经济学原理》（马歇尔）

（11）《经济学》（保罗·A·萨缪尔森，威廉·D·诺德豪斯）

（12）《经济学》（斯蒂格利茨）

4.4.3 研究及实施方案

（1）《广东省东江流域水资源分配方案》（2008）

（2）《东江源生态环境补偿机制实施方案》（2005）

（3）《广东省东江流域深化实施最严格水资源管理制度的工作方案》（2011）

（4）《广东省水污染防治行动计划实施方案》（2015）

（5）《广东省水权试点方案》（2015）

（6）《广东省水权试点自评估报告》（2018）

4.4.4　东江流域相关资料

（1）《广东省统计年鉴》

（2）《广东省水资源公报》

（3）《广东省国民经济和社会发展统计公报》

（4）《广东省东江流域规划修编报告》

（5）《广东省东江流域综合规划修编报告》

（6）《广东省东江水系水质保护条例》

（7）《广东省东江西江北江韩江流域水资源管理条例》

（8）《广东省土地利用现状汇总表》

（9）《珠江流域水资源保护规划》

（10）《江西省统计年鉴》

（11）《广东省水权试点技术评估报告和技术评估意见》

（12）《广东省水权试点验收意见》

（13）《广东省水权交易协议》

（14）《广东省人民政府办公厅关于珠江三角洲水资源配置工程用水总量控制指标的复函》

（15）《工程用水总量控制指标的复函》

5　国内外流域生态补偿实践分析

自流域生态补偿开展以来，国内外均基于流域自然资源特征与社会经济运行情况进行了流域生态补偿实践，并形成了成熟的流域生态补偿方式。

5.1　国内流域生态补偿实践概述

近年来，我国的各省份结合本地实际，在流域生态补偿领域展开了积极有益的探索，形成了许多成熟的经验和补偿模式，为广东省东江流域生态补偿机制的构建提供了有益的经验。

5.1.1　北京市与河北省生态补偿实践

北京市的密云水库为北京市提供重要的水源供给，该水库的主要水源补给发源于河北省承德市丰宁县的潮河，经滦平县从北京市密云县注入密云水库。从1963年开始，潮河就开始为密云水库供水。但随着潮河流域污染和水土流失加剧，自1989年至2017年，河北省承德市在潮河上游生态治理、水土保持、节水等方面的投入累计已经超过20亿元，这笔资金投入已成为承德市财政的一大负担。为了保护北京生产生活的水源，从上世纪90年代开始，河北承德和张家口两市关停了大量污染型工业企业，严格限制加工制造业、规模化畜禽养殖以及矿产资源开采加工业的发展，由此造成了巨大的经济损失，而北京却没有给予相应的补偿。2007年3月北京市政府和河北省政府共同签署备忘录，确定在"十一五"期间，北京市提供部分建设资金，重点支持河北省丰宁满族自治县、滦平、赤城、怀来4个县营造生态水源保护林，并根据实施效果，支持河北省逐步扩大保护林范围。作为补偿，北京将按每年6750元/hm²的标准给予"稻改旱"农民收益损失补偿。2007年，6867hm²农田由水稻改种玉米等低耗水作物，年总补偿金达4635万元。2008年后，北京另一大水源地官厅水库上游实施5333hm²"稻改旱"工程。河北省通过这些项目的实施，实现年节水1950万m³，每年为北京增加出水量1300万m³。

2016年，河北省建立了流域横向生态补偿机制；2019年河北省滦河流域11个国家地表水考核断面水质全部达到或好于Ⅲ类。除此以外，每年河北省投入资金1亿元，申请中央专项支持资金3亿元。2019年北京市年度补偿资金在3亿元左右，最高可达到5.35亿元。

5.1.2 浙江省流域生态补偿实践

（1）东阳—义乌水权交易

浙江省东阳与义乌两市相邻，共同隶属于浙江省金华市；两市同属钱塘江流域，同在钱塘江重要支流金华江一带。改革开放前，两市经济发展在全省处于下游水平。改革开放以来，两市的经济发展较快。目前，义乌的小商品市场、东阳的建筑业在全国都有较高的知名度，两市经济发展势头很好，经济水平在浙江省已处于领先地位。东阳市总面积1739km²，人口78.58万人，耕地25004hm²。境内水资源总量1608亿m³，人均水资源量2126m³，该市在金华江流域内水资源较为丰富，拥有横锦和南江两座大型水库，每年除了满足东阳市正常用水外，还要向金华弃水3000多万吨，可供水潜力较大。义乌市总面积1103km²，人口66.06万人，耕地22912hm²；多年平均水资源总量7.19亿m³，人均水资源量1132m³，该市在金华江流域水资源相对紧张，供水严重不足，迫切需要开辟新的水源。

2000年11月24日，东阳与义乌两市在东阳市签订了水权交易协议。水权交易协议的主要内容为：义乌市一次性出资2亿元购买东阳横锦水库每年4999.9万m³水的永久使用权；转让用水权后水库原所有权不变，水库运行、工程维护仍由东阳市负责，义乌市按当年实际供水量0.1元/m³支付综合管理费（包括水资源费、工程运行维护费、折旧费、大修理费、环保费、税收、利润等）。从横锦水库到义乌境内段引水工程由义乌规划设计和投资建设，其中东阳境内段引水工程的有关政策处理和管理工程施工由东阳市负责，费用由义乌市承担。

由于同一流域上下游之间存在很强的外部性，没有水权交易机制可能会导致"公共池塘悲剧"。下游购买上游的水权实质是下游对上游水资源保护的生态补偿。东阳—义乌的水权交易实现了"双赢"：东阳市通过市场盘活了水源，通过开源节流和进行水权转让，得到了水权转让费、水费和电费等水利经济利益的补偿；义乌市通过这一交易也节约自身开发水资源的高额费用。东阳—义乌的水权交易为我国开展流域生态补偿提供了有益的探索和途径，有利于运用市场优化配置水资源，为跨流域或跨区调水探索了市场协调机制，对两地资源共享、基础设施共建和区域合作、共谋发展进行了有益探索。

（2）德清县流域生态补偿资金模式

浙江省德清县西部地区包括莫干山镇、筏头乡以及武康镇的104国道以西区域，面积约304.6km²，涉及行政村32个，自然村323个，总人口55959人。西部森林资源丰富，植被茂密，林地面积约230km²，占全县林地的60%以上。德清县6.12亿m³水资源总量中30%以上集中在西部地区，是全县主要水源阜溪、余英溪和湘溪发源地。库容1.16亿m³的对河口水库是全县的供水水源。筏头乡和莫干山镇南路片分别是对河口水库和老虎潭水库的上游汇水区域，两大水库是德清县和湖州市居民饮用水的主要水源地，属于重要的生态敏感区，生态保护职责重大。但西部地区是全县经济欠发达地区，农民人均纯收入低于全县平均水平330元/人，乡镇人均财政收入只占全县平均的1/3，但却承担了水资源保护的重任。为确保水源安全，实现县域经济的协调发展，促进生态县建设，德清县政府制定了《关于建立西部乡镇生态补偿机制的实施意见》（德政发〔2005〕14号）。意见要求德清县建立生态补偿资金，用于西部乡镇的生态保护项目和镇、村环境保护基础设施建设。资金来源主要包括县财政每年在预算内资金安排100万元，从全县水资源费中提取10%；在对河口水库原水资源费中新增0.1元/m³；从每年土地出让金中提取1%；从每年排污费中提取10%；从每年农业发展基金中提5%。生态补偿资金的建立对德清县生态建设与环境保护有重要作用。

（3）金华市异地开发模式

异地开发模式发生在浙江金华江流域磐安县和金华市之间。流域上游的磐安县位置相对偏远且经济落后，但却是生态屏障的重要功能地区。1996年，流域下游的金华市为了解决磐安县经济贫困问题，保护水源区环境和水质，在金华市工业园区建立属于磐安县的"飞地"——金磐扶贫经济技术开发区，一期占地660亩、容纳130家企业，同时还接纳了磐安1000多名贫困农民成为园区的工人。开发区的建立要求磐安县拒绝审批污染企业，保护上游水源区环境，保证上游水质保持在Ⅲ类饮用水标准以上，开发区所得税收全部返还给磐安作为下游地区对水源区的保护和发展权限制的补偿。2002年开发区实现财政收入4033万元，占磐安全县税收的近四分之一，出口创汇占全县的三分之一。从环境指标看，近年来磐安森林覆盖率保持在75%以上，境内空气质量常年保持在国家一级标准，所有出境地表水均达到Ⅰ至Ⅱ类水质标准，极大地保护了中下游地区的环境。

以上三个案例是浙江省开展流域生态补偿探索的典型案例，水权交易、生态补偿基金与异地开发都是成功的流域生态补偿模式。东阳市与义乌市水权交易打破了行政手段垄断水权分配的传统，率先以平等、自愿的协商方式达成交易，第一次形成一个跨地区与城市的水权流转市场，证明了市场机制是水资源配置的有效手段；德清县建立流域生态补偿基金模式，探索了生态补偿资金的多渠道来源，有利于实现流域上下游水环境的共建共享；金磐开发区异地扶贫的生态补偿机制为国内首创，走出了一条既发展经济又保护生态的"双赢"之路，传统的"输血型"财政转移支付生态补偿机制被"造血型"生态补偿机制替代，探索了江河源头生态保护与经济补偿的有效机制。

5.1.3 福建省流域生态补偿实践

（1）闽江、九龙江、鳌江流域生态补偿

闽江是福建省最大的河流，年径流量为621亿m³，其干流长559km，流域面积约60992km²，约占福建省面积的一半，流域内水资源丰富，涉及福州、南平、三明、龙岩、宁德、泉州等的36个县、市、区。九龙江是福建省第二大河流，多年平均流量为119亿m³，其干流由北溪、西溪和南溪组成，流域面积约1.47万km²，约是福建省省区面积的12%，流域内水资源丰富，平均水资源总量为121.30亿m³，是龙岩、漳州和厦门的主要饮用水源，也是重要的工农业生产水源。鳌江是福建省第六大河流，平均年径流总量约29亿m³，干流全长137km，流域面积2665km²，鳌江上游水力资源丰富，下游航运发达。2017年8月，福建省人民政府印发了《福建省重点流域生态保护补偿办法（2017年修订）》，办法规定了流域生态保护补偿金主要由流域范围内市、县政府及平潭综合实验区管委会集中，省级政府增加投入。从市、县政府集中部分主要有按地方财政收入的一定比例筹集和按用水量的一定标准筹集两种方式。流域生态保护补偿金按照水环境质量、森林生态和用水总量控制三类因素统筹分配至流域范围内的市、县。其中水环境质量因素占70%权重，森林生态因素占20%权重，用水总量控制因素占10%权重。为鼓励上游地区更好地保护生态和治理环境，为下游地区提供优质的水资源，因素分配时设置的地区补偿系数上游高于下游。闽江流域包含市、县共计33个，流域上游三明市、南平市及所属市、县的补偿系数为1，其他市、县的补偿系数为0.8；九龙江流域包含市、县共计11个，上游龙岩市、漳州市及所属市、县补偿系数为2.5，其他市、县补偿系数为2；鳌江流域上游市、县补偿系数为1.4，在此基础上对各流域省级扶贫开发工作重点县予以适当倾斜，补偿系数提高20%。同时属于两个流域上游的连城县、古田县，补偿系数取两个流域上游相应地区补偿系数的平均数1.98和1.32。流域下游的厦门市补偿系数为0.75，福州市及闽侯县、长乐市、福清市、连江县和平潭综合实验区补偿系数为0.3。分配到各市、县的流域生态保护补偿资金由各市、县人民政府统筹用于流域污染治理和生态保护。

（2）晋江、洛阳江流域生态补偿

晋江流域是福建省第三大河流，年径流量48亿m³，是泉州市最主要的生产生活水源，也是金门的重要水源首选地。2005年，泉州市政府出台《晋江、洛阳江上游水资源保护补偿专项资金管理暂行规定》（泉政文〔2005〕127号），要求2005—2009年每年从晋江、洛阳江流域的下游县（市、区）筹集2000万元，5年筹集1亿元，建立晋江、洛阳江上游水资源保护补偿专项资金。补偿专项资金筹集原则是由泉州市本级财政投入，下游受益县（市、区）按用水量比例等因素合理分摊。资金分摊比例为泉州市财政500万元，鲤城区财政113万元，丰泽区财政113万元，洛江区财政26万元，泉港区财政98万元，晋江市财政649万元，石狮市财政180万元，南安市财政128万元，惠安县财政193万元。补偿专项资金主要用于晋江、洛阳江上游地区由两江流域综合整治领导小组下达的计划项目和市计委、市环保局审批或报备水资源保护建设项目。

5.1.4 江苏省流域生态补偿实践

2007年财政部、国家环保总局批复《关于同意在太湖流域开展主要水污染物排放权有偿使用和交易试点的复函》（财建函〔2007〕111号），同意江苏省在太湖流域开展以水污染物排污指标为主要内容的排污权有偿使用和交易试点。此项试点主要包括四点内容：一是要建立太湖流域主要水污染物排污权初始价格，将排污指标作为资源实行初始有偿分配；二是2008年在太湖流域开展化学需氧量（COD）排污权初始有偿出让，建立化学需氧量排污权一级市场，2009年在太湖流域适时推进氨氮、总磷排污权有偿使用试点；三是2008—2010年逐步建成排污权动态数字交易平台，形成太湖流域主要水污染物排污权交易市场；

四是研发一批排污总量控制技术和先进管理系统。2008年1月9日，江苏省物价局、财政厅、环境保护厅下发了《关于印发〈江苏省太湖流域主要水污染物排放指标有偿使用收费管理办法（试行）〉的通知》（苏价费〔2008〕18号、苏财综〔2008〕2号），该办法适用于苏州市、无锡市、常州市和丹阳市的全部行政区域，以及句容市、高淳县、溧水县行政区域内对太湖水质有影响的河流、湖泊、水库、渠道等水体所在区域内直接向环境排放主要水污染物（化学需氧量、氨氮、总磷）并占用排放指标的生产经营企业。2008年1月起，在纺织染整、化学工业、造纸、钢铁、电镀、食品制造（味精和啤酒）、污水处理行业开展化学需氧量排放指标有偿使用试点，对直接向环境排放且占用化学需氧量排放指标的排污单位征收排放指标有偿使用费。氨氮、总磷排放指标有偿使用执行时间另行规定。排污单位当年实际占用排放指标少于核定指标的部分，经环保行政主管部门审核确认的，其已缴纳的有偿使用费可在下一年度缴纳的有偿使用费总额中冲抵，或可按有关规定在指定的平台实行交易。

5.2　国外流域生态补偿实践概述

国际上没有生态补偿这一说法，较为通用的概念是"生态或环境服务付费"（payment for ecological/environment services）。德国1976年开始实施的Engriffsregelung政策和美国1986年开始实施的湿地保护No-net-loss政策等被看成是生态补偿的起源。近年来，许多国家都进行了流域生态补偿实践，为广东省东江流域生态补偿实践提供了参考。

5.2.1　莱茵河流域生态补偿实践分析

莱茵河是欧洲西部最大的河流，也是欧洲最重要的内陆河道。莱茵河发源于阿尔卑斯山，流经瑞士、德国、法国、比利时、荷兰、意大利、列支敦士登、卢森堡、奥地利等9国，在鹿特丹港附近注入北海，全长约1320km，流域面积约18.5万km²，其大部分河段在德国境内，通航里程约719km，流域面积约10万km²。1950年以前，莱茵河流域生态环境和水资源质量还非常优良，河内水质清澈、岸边植被丰茂。然而，随着工业化的发展以及战争的破坏，莱茵河生态整体遭遇重大破坏。特别是第二次世界大战，对于欧洲大部分国家的人民和生态环境来说都是巨大的灾难。整个莱茵河流域沿岸几乎一半的森林和植被遭受毁灭性的破坏,河道断流和淤积的现象比比皆是,水土污染和流失的现象触目惊心。战争结束后,莱茵河流域各国又将主要精力放在生活基础设施的重建和经济的恢复上,莱茵河两岸大量工程建设开始施工,忽视了流域生态环境保护与建设。1950年,旨在全面处理莱茵河流域环境保护问题的"保护莱茵河国际委员会"(International Commission for the Protection of the Rine,简称ICPR)宣告成立,法国、德国、卢森堡、荷兰及瑞士作为共同成立国成为首届委员会成员国。委员会的首要目标是"莱茵河生态系统的可持续发展"。然而由于战争及沿岸各国重视程度的问题,虽然委员会付出了巨大努力,制定了不少公约、协议和计划,但是治理效果不尽如意,莱茵河流域环境依然不断恶化。

ICPR是一个非常有效的政府间合作机构,下设一个常设机构——秘书处,实际成员仅有12人。虽然委员会仅仅是一个政府间组织,在莱茵河流域内既没有立法权和执法权,也没有构建对成员国进行惩罚的机制,但是委员会充分发挥其运行机制的作用,成功治理横跨9个国家的莱茵河。通常情况下,排放标准工作组(主要负责工业生活废水、废气等各类排放物的排放标准制定与研究工作)、生态工作组(主要负责莱茵河整体生态环境的维护、修复、建设等方面的工作)和水质工作组(主要负责莱茵河水质的监测、保持、改善提升等方面的工作)是常设小组。除了常设小组,委员会下面还有很多专项小组,专门用来解决一些具体问题,例如防洪工作组、可持续发展规划工作组等。常设小组和专项小组都由各国政府专家组成,各小组根据莱茵河治理要求与分工制定并实施多项协议标准与环境保护计划。

在莱茵河流域生态补偿过程中,ICPR组织各成员国签署一系列环境保护公约,并根据当前莱茵河环境现状组织各相关专家小组制定环境保护计划。各成员国则根据委员会每年年会分工,在环境保护公约和计划的要求与指导下,根据各国实际情况,各自开展具有针对性的流域环境保护与治理工作,ICPR则通过工作报告和观察员小组,对各国工作进行监督和促进。ICPR与沿岸各国政府密切配合、紧密合作,充分发挥各自职能优势,通过20年左右时间的努力,最终重现了莱茵河良好的流域生态环境。在签署环境公约和制定环境计划方面,ICPR的主要工作有:1963年,各成员国共同签署了《伯尔尼公约》,形成了ICPR的基础性框架。公约规定各签约国政府应在ICPR保护莱茵河框架下继续合作,该公约奠定了莱茵河流域环境保护与生态建设的国际合作基础;1976年,ICPR扩大缔约国成员,接纳欧洲共同体委员会;1976年12月,ICPR签署《莱茵河氯化物污染防治公约》,以条约形式对莱茵河氯化物污染预防与治理工作做出明确约定。该公约对法国氯化物排放量的削减额作出了要求，同时确定了荷兰、德国和瑞士所负责治理费用的承担比例；1976年12月，ICPR再次签署《莱茵河化学污染物公约》，公布了污染物处理顺序的"黑名单"和"灰名单"。该公约根据污染物对莱茵河流域生态环境和水资源的破坏程度，将污染物处理分成了优先处理（"黑名单"）和次优先处理（"灰名单"），同时对不同名单污染物的处理举措作了进一步的规定；1987年，部长级会议上各成员国部长们一致通过了ICPR制定的旨在全面整治莱茵河的"莱茵河行动计划"。该计划对莱茵河水质标准和泥沙含量都提出了严格要求，其中水质要求达到无需复杂处理即达到公共用水的标准，泥沙则要求不仅能够用于陆地基础建设，而且要求入海后不污染海洋水体。各成员国根据本国实际情况，按照公约和计划的要求开展各具特色并卓有成效的流域环境治理与生态建设工作，其中最有代表性的当属德国和荷兰。德国是莱茵河的主要流经国，荷兰则是莱茵河的最下游国家，因此莱茵河流域生态环境状况对德国和荷兰影响最大，两个国家对治理和维护莱茵河流域生态环境的责任心和紧迫感也最强。

在莱茵河流域生态补偿的过程中，沿岸各国投入了大量的人力、物力和财力，经过20年左右的不懈努力，到了21世纪初，莱茵河环境整治和生态治理的预定目标全部实现，莱茵河水质达到接近饮用水的标准，各类水生物也回归莱茵河。

5.2.2　田纳西河流域生态补偿实践分析

田纳西河位于美国的东南部，整体形状呈"U"字形，流经弗吉尼亚、北卡罗来纳、佐治亚、亚拉巴马、密西西比、田纳西和肯塔基七个州。田纳西河是俄亥俄河的支流、密西西比河的二级支流，在俄亥俄河的众多支流中，田纳西河是水流量最大、流程公里数最长的一条支流。田纳西河源头位于阿巴拉契亚山西坡，最后于肯塔基州的帕杜卡附近注入俄亥俄河，河流长约1450km，流域面积10.6万km²。同莱茵河一样，田纳西河流域生态补偿工作也是在流域生态环境被严重污染后才开展的，田纳西河流域环境保护和生态治理同样经历了"先污染、后治理""先破坏、后保护"的曲折过程，田纳西河流域不断完善的环境保护与生态治理过程就是其生态补偿的过程。

早在19世纪中后期，田纳西河流域植被茂盛、森林覆盖率极高，河水水质清澈、水量均衡，是一个环境优美、生态良好的地区。流域内农业发达，盛产棉花、马铃薯和蔬菜，并有大片牧场。同时，田纳西河流域磷矿资源和水能资源丰富，为生产炸药和发电创造了得天独厚的自然条件。1916年，在战争背景下，威尔逊总统敦促国会制定《国防法》，授权总统和陆军部在田纳西河流域的马瑟肖尔斯地区建立两座硝酸盐工厂，为第一次世界大战所需炸药生产硝酸盐，并修建拦截田纳西河的威尔逊大坝，为硝酸盐工厂供电。但是这项工程耗时过长，在战争结束时仍然没有竣工。常年的工程建设给田纳西河流域生态环境带来严重的破坏，同时田纳西河沿岸居民多年以来对流域资源掠夺性的开发利用更加重了这一状况，导致此时的田纳西河流域一片破败。土地退化，植被破坏，水土流失严重；河道拥堵，洪水泛滥，生态环境和水资源严重污染，各类水生物大量死亡；工矿倒闭、电站贮水池被淹停产、农村萧条、民不聊生。1929年，田纳西河流域85%的耕地水土流失严重。1933年，该区人均收入仅为全国平均水平的45%，为美国最贫穷落后的地区之一。此时的田纳西河被称为"魔鬼的河流""生命与财产的破坏者"。然而，田纳西河流域的生态治理与综合性开发也正是始于1933年。与莱茵河开发背景不同，美国田纳西河流域的生态治理很大程度上是受政治原因驱动。

20世纪30年代美国正处于前所未有的大萧条时期，为了刺激经济、解决危机，新任美国总统罗斯福采纳凯恩斯的政策建议，实施"新政"，运用政府干预刺激经济。以兴建基础设施、扩大对内投资作为主要手段的"新政"促进了流域大开发的兴起与发展。在这样的时代背景下，田纳西河流域的生态治理与综合性开发应运而生。与以往传统的开发不同，田纳西河流域的开发希望采用一种全新的保护开发模式，将生态治理、环境保护和经济发展紧密结合起来，实现振兴经济与环境保护的双赢。虽然田纳西河流域生态补偿与综合性开发的推动是出于政治原因，但是依然取得了显著成绩。经过几十年的努力，田纳西河流域生态环境和水资源质量彻底恢复，并有效解决洪灾和泥沙问题，同时流域经济迅速发展。曾经落后贫困的农业地区已经发展成为现代化的发达地区，田纳西河流域水资源的开发、利用、管理已经成为世界上最有效益的水资源系统工程之一，号称美国的骄傲。

1933年，美国国会通过了对田纳西河流域生态补偿和综合开发具有重要意义的《田纳西河流域管理局法案》，该法案最核心的内容就是成立田纳西河流域管理局，全权负责田纳西河流域生态治理和综合开发。田纳西河流域管理局作为美国联邦层面的流域治理开发机构，直接受命于美国总统，各州政府对其没有管辖权，管理局具体业务工作的推进则受国会的监督。不仅如此，田纳西河流域管理局还具有企业属性，能够直接开展各类流域开发经济活动，能够单独核算并具有独立的法人资格。在管理层面，管理局实行公司化管理，成立全面负责公司事务的董事会，董事会的成员由总统提名，经国会认可后正式履职。在执行层面，管理局拥有高度的自主权。董事会下设一个业务执行委员会，负责推进和完成董事会决定的各项流域治理和开发工作。委员会由15名成员组成，成员包括管理局内部负责某一方面工作的高级干部，均具有丰富的流域治理和开发经验。同时，管理局还拥有自主设置内部机构的权限，能够根据业务发展需要自行新增和调整内部机构。在协调层面，董事会成立了专门的理事会，负责跟流域生态治理和综合开发的各相关利益方进行沟通与协调。理事会成员来源广泛，包括田纳西河流域七个州的代表，发电、航运等流域开发核心业务的代表以及流域内居民、游客的代表。每届理事会任期两年，在任期内，理事会将举行全体成员会议对管理局当年的流域生态治理和综合开发计划进行讨论与分析，并通过投票的方式对计划进行最终确认。管理局董事会、执行委员会和理事会之间互相配合、互相促进的工作方式充分展现了广泛参与和充分磋商的新型流域生态环境治理和综合开发模式，也为后来田纳西河流域的成功开发奠定了坚实基础。

总体来看，田纳西河流域管理局主要具有三种职能：相对独立人事权、土地征用权和项目开发权。其中相对独立人事权是指管理局虽然是联邦层级的行政机构，但是其工作人员的招聘等相关人事管理事务并不需要遵守联邦政府的公务员法，而是可以向企业一样拥有自由招聘员工的权利；土地征用权是指管理局虽然以企业的形式进行管理，但是又能够以国家机构的名义征用流域内土地资源，并可根据国家相关规章制度出售或租赁固定资产；项目开发权是指管理局有权根据流域开发需要设立、批准和新建相关项目。例如管理局可以设立项目进行各类流域基础设施建设，鼓励并邀请社会资本参与其中，进一步扩大投资面。管理局所具备的多重属性，使其既能作为行政机构充分运用政府手段进行宏观层面的流域生态治理与综合开发设计与规划，又能利用市场手段进行微观层面的具体项目运行与开展。管理局的这一特点使其能够尽快推进生态治理工作的启动与开展，在当时的社会背景下具有明显的正面激励作用。在田纳西河流域生态治理和综合开发初期，管理局的首要工作是尽快恢复遭受了严重破坏的生态环境。因此，管理局首先以可持续利用生态资源和综合开发为原则，对水资源和沿岸森林资源进行集中恢复。经过十余年的努力，到了1950年左右，管理局基本完成了以水资源为核心的生态修复工作，并实现了对流域内动植物资源的保护与重建。再经过十年左右时间的努力，到了1960年，田纳西河流域生态环境与自然资源的恢复重建工作基本完成，管理局的工作也进入了新的阶段，开始了对田纳西河流域的深度开发与利用。为了实现田纳西河流域生态资源特别是流域水资源的可持续利用，避免以往掠夺式开发的覆辙，管理局采取了新的开发模式，将持续性的生态补偿与综合开发紧密结合起来，在开发的过程中始终密切关注流域生态资源的使用与重建，尽量维持开发与建设的平衡，保证流域生态资源的可持续利用。

田纳西河流域生态补偿是政府主导模式的典型。多年来的实践证明，田纳西河流域管理局实现了对流域资源的综合开发与统一管理，显著振兴了当地经济，提供了大量就业机会，也充分改善了流域环境，使其成为著名的旅游胜地。田纳西河流域生态补偿面向当地企业和居民展开。一方面为兼具生态和经济效益的水资源开发工程予以优惠政策，提高企业生态补偿的积极性；另一方面对流域居民提供直接补偿，鼓励居民保护生态环境。田纳西流域生态补偿的成功实施离不开其独特的管理和运营模式，其成功经验主要可以总结为以下几点：

（1）法律保障完善

为保证田纳西河流域开发的合法性和自主性，美国国会颁布了《田纳西河流域管理局法案》，该法律明确规定了田纳西河流域管理局的宗旨、目标、管辖范围、权利和义务，也赋予了田纳西河流域管理局相当程度的独立自主权。田纳西河流域管理局作为美国唯一的联邦政府直属公司，有权利也有义务对流域生态环境和资源进行整体保护和开发。

（2）组织架构合理

田纳西河流域管理局经由美国国会立法成立，是具有行政管理权限的政府部门。法律规定其直接对总统和国会负责，因此田纳西河流域管理局拥有超越地方政府的高度自治权。同时，田纳西河流域管理局采用公司制运营，因此也兼备私人企业的灵活性和主动性。董事会是其主要的权力机构，依法行使人事权、独立财务权、自主定价权等。

（3）政策与资金支持广泛

田纳西河流域管理局在田纳西河流域的综合开发和管理过程中，得到美国联邦政府的大力支持。联邦政府将一些营利性较高的大型环保企业和水利设施划归田纳西河流域管理局经营，从而保证稳定的资金来源。同时，政府也对流域开发项目予以拨款，免征税费。为了进一步筹集资金，政府允许其发行债券。债券的成功运作促进了电力产业的发展，进而为流域的持续开发和管理运营提供了经济保障。

（4）协商对话机制开放

根据相关法律针对田纳西河流域成立了地区资源管理理事会，该理事会可对田纳西河流域管理局的管理提供咨询性意见。理事会约20名成员，包括州代表、地方政府代表、企业代表、社区代表等。理事会为田纳西河流域管理局与流域内其他利益相关主体提供了沟通协作的机会，促进流域范围内的多元主体参与流域治理行动。多方利益主体的意见反馈为田纳西河流域管理局的管理提供了决策参考，有利于改进流域管理，实现流域内各经济主体利益的帕累托最优。

5.3　现行流域生态补偿方式总结

流域生态补偿方式的选择对于生态补偿效果有至关重要的影响，国内外流域生态补偿的实践经验对构建广东省东江流域生态补偿机制具有很好的借鉴和启示。根据国内外流域生态补偿实践，目前流域生态补偿方式以补偿物划分可分为资金、实物、政策和智力补偿，也可以采取这四种补偿方式的不同组合进行补偿。

（1）资金补偿方式

资金补偿是我国采用最多的生态补偿方式，也是最适合流域治理的补偿方式。从国内的生态补偿案例来看，资金补偿尤其是政府资金对生态补偿的有效性起着至关重要的作用。常见的资金补偿方式有很多，包括财政转移支付、补偿金、减免税收、补贴、赠款、退税、信用担保的贷款、贴息等。资金补偿有两种形式：直接资金补偿和重点流域生态补偿金的分配。直接对生态建设者进行资金补偿几乎适用于所有流域，具有比较大的灵活性，但对地区的后续发展带动力不强，对经济的促进作用比较弱；重点流域生态补偿金的分配是按照水环境综合评分、森林生态和用水总量控制三类因素统筹分配至流域范围内的市、县，为鼓励上游地区更好地保护生态和治理环境为下游地区提供优质的水资源，因素分配时上游地区的补偿系数应高于下游地区。

（2）政策补偿方式

政策补偿是政府给予被补偿者一些优惠待遇和优先权的权限，在这种权限内，被补偿者可制定一些创新性的政策，例如在投资项目、财政税收和产业发展等方面加大对流域上游地区的支持和优惠，促进流域上游地区的发展。这是一种造血型的补偿方式，是上级政府对下级政府的权利和发展机会的补偿。这种政策资源、制度资源的补偿尤其适用于特别贫困的地区。这种补偿的优点是，政策都是由政府指定的，由政府做后盾具有很大的稳定性，不足之处是实施一些政策以后，若是补偿效果不佳，不能及时地做出相应的调整。近年来，部分地区政府通过构建基于生态环境服务付费的生态补偿制度体系引入市场调节机制，完善政策补偿的缺陷，例如以排污权、水权交易为代表的资源权交易制度体系能够有效地提高资源利用效率，实现流域生态补偿。

（3）实物补偿方式

实物补偿与资金补偿均属于输血型补偿。这种补偿方式是运用物资、土地和劳动力等一些方式对受补偿地区的生产要素进行补偿。这种方式为增强流域生态建设提供了很好的物质基础，能够改善一些地区的生活状况。这种补偿方式的缺点是对补偿地区的经济发展带动力不强。实物补偿的典型案例是2004年中国的退耕还林工程的生态补偿：中央政府无偿地对退耕的农户进行粮食、生活费的补助，每年的补助标准是长江流域地区为4500斤粮食，黄河流域为3000斤粮食。这一补偿标准在2004年后改为资金补偿，标准为1.4元/千克，退耕土地的补偿标准为300元/亩，种苗造林补助费750元/公顷等。

（4）智力补偿方式

智力补偿同政策补偿一样，属于造血型补偿，它是中央政府或者地方政府给流域生态建设地区技术上的扶持，对被补偿地区或被补偿者无偿地提供一些技术上的指导以及对技术人员和管理人员进行培训，或者直接将一些专业人才输送过去。这种补偿方式有效地提高了受补偿地区的生产生活技能、技术管理水平等。它的优点是稳定性好，能够逐渐带动受补偿地区的后续经济发展，但是见效时间比较长。鉴于这种补偿方式的复杂性和长期性，目前这一补偿方式在我国尚未有成功的实践经验。

以上四种生态补偿方式，资金补偿和实物补偿属于输血型补偿，政策补偿和智力补偿属于造血型补偿，四种补偿方式各有其优劣，输血型补偿对生态和水源地的可持续性发展的促进作用较弱，造血型补偿对生态和水源地的可持续性发展的促进作用较强。通常为了提高补偿效率，经常采取几种补偿方式的组合。

不同补偿方式对比如表5-1所示。

表5-1　流域生态补偿方式对比

	生态可持续性	对水源地经济促进作用	补偿方式	优势	劣势
输血式补偿	弱	弱	资金补偿	被补偿方具有极大灵活性	补偿资金通常转化为直接消费性支出
			实物补偿	物质使用效率高	形式单一
造血式补偿	较强	较强	政策补偿	强大的稳定性	灵活性差
			智力补偿	稳定、持续性长	见效时间较长

综合现行流域生态补偿方式可以看出，目前流域生态补偿主要以政府补偿为主，补偿方式单一，市场作用有待加强。但水资源的稀缺性决定了其经济价值和环境价值会发生矛盾，平衡两种价值关系的有效方法是实行环境价值优先原则下的可交易水许可权制度。水权制度是一种"造血式"补偿方式，通过建立市场机制发挥经济激励功能，能够给产权所有者带来一定的收益预期。在河流的上下游地区，水资源初始分配后，如果允许流域上游地区把节余的清洁水有偿地转让给下游地区，那么上游地区就不会过多地浪费宝贵的水资源，不会污染水质，从而更愿意把清洁的水转让给下游地区以获得更大经济效益。流域上下之间的这种水权交易，可以使流域上游地区获得更多的经济补偿，激励上游地区更好地保护水环境。因此，水权交易是流域上下游间有效的生态补偿手段之一。

6 广东省东江流域生态补偿方式选择

流域生态补偿具有多种形式，水权交易作为其中一种"造血式"生态补偿方式，具有可持续性的特点，能够有效调动流域上游地区保护良好水环境的积极性。广东省作为全国水权交易的试点省份，有良好的水权交易基础和完善的水权交易制度，通过引入水权交易对广东省东江流域进行生态补偿具有很高的可行性。

6.1 广东省水权交易工作基础

近年来，广东省大力推行水权交易体系建设，构建了相对完善的水权交易制度。2013年，广东省政府批准发布《广东省东江流域深化实施最严格水资源管理制度的工作方案》，提出"先行探索建立流域水权转让制度"；在省政府印发的《2013年省政府重点工作督办方案》（粤办函〔2013〕96号）中提出要"探索试行水权交易制度"；2014年，省委、省政府印发的《广东省贯彻落实党的十八届三中全会精神2014年若干重要改革任务要点》（粤办发〔2014〕1号），进一步提出"推动水权交易市场建设"，将水权交易制度建设纳入了省全面深化改革的重点工作。在此之前，广东省政府已分别于2008年、2012年颁布实施《广东省东江流域水资源分配方案》《广东省实行最严格水资源管理制度考核暂行办法》。2013年3月，广东省水利厅委托广东省水利水电科学研究院组织开展了广东省水权交易制度研究，初步构建了广东省水权交易制度的基本框架和顶层设计；2013年4月，由广东省政府批准成立、省国资委监管的南方产权交易中心提出组建广东产权交易集团，水权交易板块为集团创新板块的重要组成部分。

2014年，水利部出台《关于开展水权试点工作的通知》，选定包括广东省在内的七个省区列为全国水权交易试点。广东省的试点范围是重点在东江流域开展流域上下游水权交易，试点工作任务为以现有的广东省产权交易集体为依托，组建省级交易平台，合理制定水权交易规则与流程；引导鼓励东江流域上下游区域与区域之间开展水权交易；建立水权交易信息化管理体系，由广东省产权交易集团建立水权交易的资格核查、账户注册、交易形成、价格确定、金额结算、信息公开和争议调解等相关交易环节的信息化管理系统；建立水权交易监管体系，维护水权交易市场秩序。试点期间，广东省在严格控制用水总量的前提下，以东江流域的广州、深圳、河源、惠州、东莞等市为重点，开展地市与地市之间、地市内县区与县区之间、县区内的水权交易试点。

东江流域作为试点优先开展水权交易工作，盘活用水总量指标，以市场化手段优化配置水资源，破解水资源供需矛盾，拓宽水资源节约与保护资金渠道。2016年广东省政府通过《广东省水权交易管理试行办法》（粤府令第228号），规定用水总量已经达到该行政区域用水总量控制指标的地区，应当采取水权交易方式解决建设项目新增取水，省、市、县等各级行政区域的用水总量都要严格受到指标的控制。有些地区因为发展或者节水力度不够，只能从还有节余的地区购买指标。这就意味着超出了用水指标，就要付出相应的成本代价；而经过节水措施后节余的指标则是可以出售的。东江流域具有丰沛的地表水资源，但是流域内各地市水资源开发强度依然较大，同时东江还承担向流域外供水的重要任务，流域水资源利用存在明显的局限性。在东江流域开展水权交易，可以借助市场配置资源的作用促进水资源向高效产业优化配置，逐步提高水资源利用效率。

2017年，惠州市用水总量控制指标以及东江流域取水量分配指标转让项目在广东省环境权益交易所正式挂牌，标志着广东省乃至华南地区水权交易挂牌项目实现零的突破。本次挂牌交易标的为用水总量控制指标514.6万 m³/年、东江流域取水量分配指标10292万 m³/年；交易价格为用水总量控制指标不低于0.66元 m³/年、东江流域取水量分配指标不低于0.01元 m³/年；转让期限为5年，总成交额不低于2217.93万元。此次惠州水权交易中，用水总量控制指标由农业节水改造所得，开展农业节水、推进农业水权交易，不仅是严格执行用水总量控制的要求，也是盘活流域有限的水资源、促进经济社会协调发展的重要举措。东江是惠州市最重要的地表水源，随着经济社会的发展与居民生活水平的提高，东江流域水资源供给将日趋紧张，惠州与广州东江流域取水指标交易的顺利推进是东江流域水权交易的里程碑，也为今后水资源节约保护投融资拓宽了渠道。2017年，水利部联合广东省人民政府在广州召开了广东省水试点验收会。经过讨论审议，广东省水权试点通过验收。可以看出，广东省东江流域已进行水权交易实践，广东省东江流域具备实行水权交易的基础，可以将水权交易作为广东省东江流域生态补偿方式。

6.2　广东省东江流域生态补偿方式——水权交易

流域的开发、利用、保护是一个区域性问题，往往涉及多个不同级别和层次的行政区域，上下游各行政区之间除了在水资源利益上具有一脉相承的关系外，经济、社会方面也有着千丝万缕的联系。上下游对流域生态资源保护做出的贡献与享有的生态利益的不平等是导致区域间社会经济差距扩大的重要原因，需要通过生态补偿制度的建立和完善来实现区域统筹与和谐发展。

东江流域目前生态补偿的方式主要是政府财政资金补偿，其中横向财政转移支付是主要的补偿手段，由中央向水源区的纵向支付并不常见，市场化手段也尚在萌芽阶段。财政支付虽然具有资金来源稳定、保障性强等优点，但受到政府财政支付能力的限制，实际进行生态补偿时存在补偿方式单一、补偿可持续性低等问题。东江流域跨越江西、广东两省，又是香港特区以及广东省广州东部（天河、黄埔、增城区）、深圳、河源、惠州、东莞等地的主要供水水源，涉及区域广阔，使用政府主导的财政支付手段时存在操作复杂、成本巨大及效率低下等问题。因此，在广东省实现经济转型，建设环境友好型经济社会的背景下，政府主导的流域生态补偿已经不能满足广东省东江流域的现实需要，流域生态补偿的市场化手段是必要且必然的进一步发展方向。水权交易实际上是取水权交易，它是一项提高水资源利用效率的制度，水权交易虽非专为生态补偿而设计，但其在客观上起到了生态补偿的作用，既能保护好流域上游地区的水环境，又可以通过市场交易为上游地区筹措到大量生态保护所需的资金，实现生态保护的良性循环，达到发展经济与保护生态的"共赢"（如浙江义乌与东阳两市的水权交易案例）。因此，相对于其他生态补偿形式，采用水权交易方式对广东省境内东江流域进行生态补偿更具便捷性与可操作性。

水权交易通过赋予水权价格，使得流域生态补偿实现"输血式"向"造血式"的转变，通过补偿主客体间的利益交换有效推动水资源商品化。流域生态补偿主体可以通过购得水资源为其经济发展服务，流域生态补偿客体也得到合理的交易补偿款弥补其经济发展上的不足。广东省是七个水权试点省区之一，具有一定的政策基础，通过几年的水权交易实践，积累了一定的经验，同时也构建了相应的市场化平台，例如广东省环境权益交易所等。参考这一现实基础，水权交易是适合于东江流域的生态补偿方式之一。广东省东江流域的生态补偿通过使用权交易的形式来实现，有利于生态补偿问题上的公正、公平，能够实现流域资源合理配置和经济社会可持续发展。

水权交易不仅拓宽了补偿资金来源的渠道，提高了流域生态补偿的效益，充分发挥了流域资源的生态价值和经济价值，而且推动了流域内不同行政区间的经济发展平衡化，建立了流域生态与经济发展的耦合关系。以水权交易方式进行广东省东江流域生态补偿有以下好处：

（1）提高水资源利用效率

水权交易为水资源在用水部门之间的重新分配提供了市场化调节机制，使水资源从效率低的使用部门流向效率高的使用部门，提高了水资源的使用效益，并且在一定程度上保证了水资源的长期稳定供给。

（2）弥补水权初始分配缺陷

水权的初始分配未必是效率最高的分配方式，它有可能造成一些缺水严重的地区或企业大量的水资源浪费，通过水权交易可以实现水资源余缺的调剂。

（3）保护流域生态环境

一般说来，水权交易对水质有明确要求，这会促使原水权持有者采取相应的措施对其水资源加以保护，避免污染水质。

（4）调控高耗水产业空间布局

水权交易市场的建设会简化工程项目的水资源评价流程，激励高耗水企业转变生产方式，考虑工程所在地的水权交易价格成本，进而优化区域内产业布局。

广东省东江流域覆盖面积广，自然环境复杂，仅依靠政府的力量会导致政府负担过重，降低流域生态补偿效率，这就需要灵活性较强的市场机制参与。因此广东省东江流域应秉持政府主导与市场推进相结合的原则，使用水权交易的生态补偿方式，把政府生态补偿模式和市场生态补偿机制有机结合起来，从而发挥市场在资源优化配置中的积极作用，积极探索多样化的市场补偿方式，拓宽补偿资金来源的渠道，提高广东省东江流域生态补偿的效率，充分发挥广东省东江流域水资源的生态价值和经济价值。

7 基于水权交易的广东省东江流域生态补偿机制分析

流域生态补偿体系构建必须明确生态补偿主客体、生态补偿途径及标准。广东省东江流域选择水权交易构建市场化程度较高的流域生态补偿机制，水权交易主客体、途径与交易标准需要与流域生态补偿相关内容有机结合，形成适用于东江流域的流域生态补偿机制。

7.1 基于水权交易的流域生态补偿主客体分析

7.1.1 流域生态补偿的利益相关群体

政策的利益相关者指在某项政策中有利益关系的个人或群体。在公共政策分析中，利益相关者扮演着重要的角色，是公共政策系统中的元素之一。广东省东江流域生态补偿涉及面广、参与者众多，按照利益相关方与流域水资源的关系区分，可以分为流域水资源的使用破坏者、保护建设者、节约使用者和受益者四方；按照利益相关方的社会角色区分，又可以分为政府、非政府组织和公民，其中非政府组织的成员结构比较复杂，包括企业和各类社会团体。本研究将采用后一种分类方法，此时无法通过分类结果直接说明利益相关方的行为对广东省东江流域水资源的影响，需要根据各利益相关方的社会角色进行具体分析。

（1）对政府的分析

政府是国家的代表。在我国，政府广泛的职能范围决定了其在流域生态补偿中的不同行为特点及其对流域水资源的多方面影响。一方面，政府为了经济的发展会对流域水资源进行开发使用，此时政府是流域水资源的使用破坏者或者受益者。另一方面，政府从经济社会可持续发展的角度考虑会对流域水资源进行保护和建设，此时政府又是流域水资源的保护建设者或者节约使用者。

广东省东江流域内的各级政府同样如此。广东省东江流域流经广州市增城区、东莞市、深圳市、惠州市、河源市、韶关市、梅州市七个行政市（区），因此本研究以市级政府作为分析对象。由于各市级政府地理位置、经济发展水平及人口集中度的差异，其利益诉求和在流域生态补偿中的行为表现也各不相同。因此，各市级政府的行为对广东省东江流域水资源的影响差异巨大，需要根据实际情况分别予以分析和研究。

（2）对非政府组织的分析

非政府组织是广东省东江流域各类利益相关方中成员结构最复杂的一类利益相关方，成员包括众多企业和各类社会团体。各种成员在流域生态补偿中同样具有不同的行为表现，对流域水资源的影响也不一样。

其中企业通过生产经营活动将各种生产要素转变为产品然后销售给消费者，作为生产者其在产品生产过程中必然会消耗水及产生各种废水、废气等污染物。特别是广东省东江流域水体附近的企业，在使用水资源的同时会向流域系统排放各类污染物，从而严重影响流域生态环境。因此，企业的生产行为决定了其会明显地使用或破坏流域水资源。

各类社会团体包括以环境保护为目的的各种基金组织、自发成立的志愿者组织、执行部分政府职能的非营利性组织以及其他社会团体。这些组织开展的相关活动对流域水资源的影响各不相同，其在流域生态补偿中扮演的角色也有所差异。

（3）对公民的分析

公民，是广东省东江流域各类利益相关方中成员最多的一类利益相关方，也是个体行为最复杂、最难以判断的一个群体。同一个公民在不同的时间或场景下，出于不同的利益考虑，会有不同的个体行为表现，对流域水资源的影响也不一样。例如，公民使用或破坏了流域的生态环境和水资源且从其中获得了收益，是流域生态补偿利益相关方中的使用破坏者和受益者。但是，当他们为生态环境和水资源的保护与建设做出贡献时，他们是流域生态环境和水资源的保护建设者。因此，公民的不同活动对广东省东江流域水资源同样具有明显的差异影响，也需要具体情况具体分析。

从以上分析可以看出，政府、非政府组织和公民这三类利益相关方在广东省东江流域生态补偿中都具有多种行为特点，都会对广东省东江流域水资源产生具有明显差异性的作用效果。其中对非政府组织和公民的分析可以看出，非政府组织和公民的组成成员众多，个体行为互不相同，同一个体在不同场景对流域水资源的影响也不一样，如果在流域生态补偿分析和主客体界定中对每一个个体的行为和主客体身份进行界定，会耗费大量的人力和时间，同时也难以明确界定。因此，在以行政区划为单元的经济社会系统内进行流域生态补偿实践或理论研究时，特别是进行覆盖范围广、参与者众多的流域生态补偿实践或理论研究时，如果利益相关方过多并且难以方便的进行准确界定时，则应由相应地方政府作为这个区域所有利益相关方的代表进行流域生态补偿实践或理论。

7.1.2　东江流域生态补偿主客体的界定

基于水权交易的广东省东江流域生态补偿主客体的界定是构建生态补偿机制需要解决的首个关键问题，其中最重要的任务就是对基于水权交易的生态补偿的利益相关方进行界定，在基于水权交易方式的基础上，判断在广东省东江流域生态补偿中哪些利益相关方是补偿主体、哪些利益相关方是补偿客体。

（1）基于水权交易的广东省东江流域生态补偿主客体的界定对象

本研究在进行利益相关方分析时已经指出，在以行政区划为单元的经济社会系统内进行流域生态补偿实践或理论研究时，特别在覆盖范围广、参与者众多的情况下，如果利益相关方过多并且难以准确界定，则应由相应地方政府作为这个区域所有利益相关方的代表。

基于以上认识，为了使基于水权交易的广东省东江流域生态补偿主客体界定更符合实际，本研究选择利益相关方的第二种分类方式进行广东省东江流域生态补偿主客体的界定，即以地方政府作为流域生态补偿主客体界定的对象。

（2）基于水权交易的广东省东江流域生态补偿主客体的界定思路

在流域生态补偿的相关理论研究中，当流域生态补偿主客体界定的对象是政府时，存在两种较常用的流域生态补偿主客体界定思路。一种是根据政府所管辖行政区划在流域的位置进行流域生态补偿主客体界定，另一种则是根据政府与流域水资源的关系也就是政府行为对流域水资源的影响进行界定。

第一种思路是指根据政府所管辖行政区划在流域的相对位置将政府分为上游政府和下游政府两类，其中上游政府由于位于流域的上游区域，通常会投入成本进行上游生态环境的建设和流域水资源的保护，同时也会因为进行流域水资源的保护而损失一定的发展机会，因此通常被直接界定为流域生态补偿的客体；而下游政府由于位于流域的下游区域，能够免费获得优质的流域水资源，因此通常被直接界定为流域生态补偿的主体。第二种思路则是采用合理的方法判断政府行为对流域水资源的影响进而对其流域生态补偿主客体身份进行界定，如果政府行为破坏了流域水资源或者从流域水资源中获益，则该政府应支付补偿，可以被界定为流域生态补偿的主体；如果政府行为保护建设了流域水资源或者节约使用了流域水资源，则该政府应获得补偿，可以被界定为流域生态补偿的客体。

由于广东省东江流域各市复杂的地理关系，按政府所管辖行政区划在流域的相对位置将流域生态补偿主客体界定为上游政府和下游政府的第一种思路并不合适，主要原因是"上游"与"下游"这种根据地理位置差异所进行的划分是一种相对概念，而不是绝对概念。如果相关行政区划只有两个，的确可以根据其相对地理位置来划分上下游关系，但是如果涉及的行政区划超过两个，就会因为地理位置的相对性而难以划分。广东省东江流域各市级政府所管辖行政区较多，其相对地理位置较复杂。以惠州市博罗县为例，其相对于河源市龙川县是下游，而相对于东莞市石龙镇而言则是上游。根据比较对象的不同，同一个政府具有不同的相对位置。

采用第二种界定思路，即通过合理的方法对市级政府与流域水资源的关系进行科学判断，并以此为依据进行生态补偿主客体的界定是本研究界定广东省东江流域生态补偿主客体的思路。

本研究选取水权交易作为广东省东江流域生态补偿的方式，确定生态补偿的主客体为政府层面，广东省东江流域的市级政府作为水权出让方和水权受让方进行水资源交易。在水权交易过程中，水权出让方指拥有水权储备并可合法出让水权指标的市级政府，水权受让方指由于新建、改建、扩建项目或其他原因需要对水权指标进行回购从而增加水权储备的市级政府。因此，基于水权交易的广东省东江流域生态补偿的主体是水权交易中出让水权的市级政府，客体是受让水权的市级政府。

7.2 广东省东江流域初始水权分配探讨

建设基于水权交易的广东省东江流域生态补偿，在确定生态补偿主客体后，需要对水权进行确权，即对广东省东江流域的水权进行分配。水权分配就是依据公平、效率以及环境保护等目标，运用市场与非市场手段对水权的权利体系进行逐层分解，使行为主体享有的各项权利得到落实。通过水权分配可以使水资源利用主体各自的权、责、利更为明晰，水权更为明确化、具体化和法制化。

7.2.1 水权初始分配的内涵及方法

（1）水权初始分配的内涵

水权分配实质是水资源使用权的初始分配，被分配的水权称为初始水权，其界定和分配是建立水权制度的基础性工作。水权初始分配是将流域内可用于开发利用的水资源量、水质等，在综合考虑区域经济、人口、环境以及资源的条件下，按照一定的方法和规则分配到各个区域、行业及用水户中，实现水权在空间上的分配。水权初始分配由两个层次构成：第一层是指流域的初始水权向区域的水权逐级分配；第二层是指各区域把分得的水权，通过取水许可的形式分配给具体用水户。水权初始分配的两个层次构成了较完整的初始分配体系，其中第一层是地方政府代表国家行使管理权，是管理权的下放；第二层是用水户取得使用获益权，标志着所有权与使用权的彻底分离。

初始水权分配的核心是水量的分配，其内涵在于通过一定程序，用水主体获得一定时期内一定数量水资源的基本权利。通过初始水权分配得到一定水资源的同时也使这部分水资源使用权具有了排他性，这是水权交易的基本物质条件和法律基础。

初始水权分配具有以下三个特点：第一，初始水权的分配对象是包括流域当地地表水、地下水、外调水以及过境水在内的自然水资源。初始水权分配的过程要求所分配的水资源应能长期存在并发挥效用，在一定时期内具有相对稳定性且要有一定规模，因此再生水等非常规水源不在初始水权分配的水资源中。第二，初始水权的分配主体必须包括水权所有者所处区域的行政机关。当初始水权在流域内不同区域间进行分配时，分配主体均为区域行政机关；当初始水权在同一区域内进行分配时，分配主体为该区域行政机关和用水户。第三，初始水权的分配内容是对水资源使用权的分配，其中包括对水量、水质的分配。本研究结合广东省水权、排污权试点政策，将水权的初始分配与交易作为基于水权交易的广东省东江流域生态补偿的主体部分进行分析，排污权初始分配作为补充。

（2）水权初始分配的原则

鉴于初始水权分配过程的复杂性和特殊性，本研究在辨析和吸纳已有研究成果的基础上，确定了广东省东江流域初始水权分配的基本原则是：基本用水保障原则、尊重历史与现状原则、公平性原则、高效性原则、可持续发展原则和权利与义务相结合原则。

1）基本用水保障原则

基本用水包括生活用水与河道外生态环境用水两部分，其中生活用水指维持城镇居民和农村居民生活和生存的基本水量。生活用水权利的保障关系人类的生存和社会的稳定，生活用水保障原则是流域水权初始分配中最重要、最需优先考虑的原则。河道外生态用水（又称最小生态环境用水）是指维持河道外自然环境和生态环境不退化所需的基本水量。基本生态环境用水在初始水权分配中具有较高的优先级，以维持生态现状为目标确定流域基本生态用水总量，并按照优先原则全额分配基本生态用水，是基本生态用水保障的原则。

2）尊重历史与现状原则

尊重历史与现状主要有以下4层含义：第一，尊重人们所处的自然条件、生存和生产方式；第二，尊重历史文化和生活习俗及其相应的用水习惯；第三，尊重已经达成的、被公众所接受的分水条约或者分水方案；第四，"尊重"不等于"遵照"，在尊重历史与现状的同时，需适当兼顾未来发展的用水需求。分水制度的现状尽管可能存在不合理的因素，但一定程度上是在历史演进过程中形成的，是历史上各方利益长期博弈的结果，具有一定的稳定性和科学性；"尊重历史与现状原则"的流域初始水权分配是在用水现状的基础上，适当考虑经济社会发展用水的未来需求，对分配方案中的不合理成分进行"微调"，将有利于减少改革成本，落实分配方案，降低引发冲突的风险。

3）公平性原则

在我国水资源属国家所有，不同地区、不同社会阶层、不同人群享有生存和发展的平等用水权。公平性原则是初始水权分配可行性的社会基础。"公平"并不代表分得的水权数量是绝对相等的，因为不同地区、不同社会群体所处环境、生活方式及生产方式不同，所需要的水量也就各不相同。在初始水权分配实际操作中，应充分考虑各地人口分布、社会经济发展水平、包括水资源条件在内的自然条件、经济结构与生产力布局等方面的因素，力求满足不同地区、不同人群生存、发展的用水需求，做到公平合理。

4）高效性原则

水资源作为一种自然资源的同时，也逐渐变为一种稀缺的经济资源。水权制度建设与研究的主要目标是促使水资源向高效利用的方向发展。因此，在初始水权分配实践中，在兼顾公平性原则的前提下，水资源应适当向高效用水的行业或地区流动，使得单位水资源尽可能产生更大的经济效益、社会效益和生态效益。

5）可持续发展原则

可持续发展原则体现了人类对水资源的利用在时间维度上的公平性，并保证了人类对水资源的利用是可持续的。水资源作为国民经济的重要资源，是人类社会可持续发展的基本条件之一。水资源虽然具有可再生性，但这种可再生性必须依赖于水资源系统和生态环境的平衡，水资源的开发利用量必须在自然生态系统的承载能力和水环境承载能力之内。在初始水权分配实践中，必须实现水资源系统与人类经济社会系统的和谐发展。

6）权利与义务相结合原则

初始水权的分配必须统一考虑水资源的取、用、耗、排的全过程，各地区在获得水权的同时，也要承担不超量取水、达标排放等责任，保证污染物总量不超过水功能区限制纳污总量，履行因使用水权造成污染所需承担的水环境治理义务。这种把义务的履行作为"滥用权利"的惩罚，将水资源利用的外部性内化到水量分配上的做法，将有利于形成全社会高效节水的良好社会氛围。因此，水权是权利和义务的结合，是水量和水质的结合。

（3）水权初始分配的方法比较及选择

目前对初始水权的分配方式已有较为深入的研究，具有代表性的案例是尹云松等通过建立流域初始水权分配的层次分析模型（AHP），研究了黄河流域初始水权分配的方案并对其进行了改进。在目前形成的初始水权分配方法的基础上，进一步参考有关交易的实践与分析，水权初始分配方法可以分为等比例削减法、按需分配法、流域环境容量法、排污绩效法、层次分析法和环境基尼系数法六种。

1）等比例削减法

等比例削减法既适用于对水量的分配，又适用于对水质的分配，具体方法是参考达标的现状分配量进行分配。各区域在达标的基础上，根据最近几年的分配量以及目标控制总量计算出目标总量与达标前提下的分配量的比例关系，各区域按同一比例进行削减。分配模型为：

$$A_j = Q_j \cdot (1 - R_j)$$

其中：A_j 为第 j 个行政区的初始分配量；

$\quad\quad Q_j$ 为第 j 个行政区基年分配量；

$\quad\quad R_j$ 为第 j 个行政区削减比例；

2）按需分配法

按需分配法指在适度预留水量的条件下，按需分配水权。具体操作是审核各地的申报量，对符合条件的按需分配。

3）流域环境容量法

流域环境容量法主要是对水质的分配。具体方法是根据流域内各区域的环境容量占流域总环境容量的比例来确定排污权初始分配。分配模型如下：

$$A_j = S_j \cdot Q_{aim}$$

其中：$S_j = \dfrac{E_j}{E}$；

A_j 表示第 j 个排污者的初始分配量；

S_j 表示第 j 个排污者的环境容量比重；

Q_{aim} 表示全流域目标控制总量；

E_j 表示第 j 个排污者的环境容量（可采用纳污能力值表示）；

E 表示全流域总环境容量。

4）排污绩效法

排污绩效法是对水质分配的总结与进一步优化。通过计算目标控制总量与利税或产值的商，得出流域平均排放绩效，然后将各排污者基期年的利税或产值乘以平均排放绩效，确定出各排污者的初始分配量。分配模型为

$$A_j = P \cdot b_j$$

其中：$P = Q_{aim}/B$；

A_j 表示第 j 个排污者的初始分配量；

P 表示平均排放绩效；

b_j 表示第 j 个排污者基年利税或产值；

Q_{aim} 表示全流域目标控制总量；

B 表示基年全流域利税或产值总和。

经济绩效指标的选取会显著影响分配结果。用这种方法分配初始排污权，体现了效率优先的原则，通过将高污染排放的产业淘汰，促进了地区产业结构调整，有利于地区经济发展。

5）层次分析法

以实现分配中公平为基础，选取指标，并计算权重。模型为：

$$B_{jk} = V_{jk}/\sum_{j=1}^{m} V_{jk}$$

其中：$\sum_{j=1}^{m} B_{jk} = 1$；

$$B_j = \sum_{k=1}^{n} W_k B_{jk}$$

其中：$\sum_{k=1}^{n} W_k = 1$；

$$A_j = B_j \cdot Q_{aim}$$

其中：A_j为第j个污染者初始分配量；

$\quad\quad$ B_j为第j个污染者初始分配比例；

$\quad\quad$ Q_{aim}为流域目标控制总量；

$\quad\quad$ B_{jk}为第k个因素条件下第j个污染者指标在全流域比重；

$\quad\quad$ W_k为第k个因素权重。

6）环境基尼系数法

通过综合考虑各区域经济、自然等客观因素，建立一套既能充分代表地区水环境承载力，又与总量分配密切相关的影响因子指标体系，计算各影响因子的基尼系数，然后以基尼系数之和作为目标函数。通过合理设定构建多约束条件的规划方程，求出相对最优的基尼系数和最终的初始分配方案，以实现各区域间基于自然条件、经济发展水平、环境现状等客观因素下的公平性分配。

等比例削减法能与政策有较好的衔接，在政策实施时较容易被接受，适合于试点建立初期；无偿按需分配法不会增加企业成本，且操作简单易行，但无法刺激企业治污的积极性；环境容量法客观上尊重区域的环境容量，能更好的实现环境保护的目标，但测算区域具体环境容量所需人力、物力的成本过高，同时，对于流域来讲，水环境容量不断处于变化中，目前的科技状况不足以实时监测某一区域环境容量，因此，目前不宜采用此方法；排污绩效法体现了效率优先的原则，但在要体现公平与效率原则的背景下，此方法有失公允；层次分析法综合考虑了各种因素，并对各因素进行权重赋值，选取权重较高的因素作为主要因素进行分配，该方法在一定程度上体现出公平与效率的结合，但不同研究者对不同因素赋值不同，导致最终结果产生差异，同时由于主观因素较重，势必影响分配的公平性；环境基尼系数法的计算，在层次分析法的基础上建立指标体系，通过求目标函数的最小值，即各指标下基尼系数和最小值最大程度地保证了分配的公平性，同时在计算过程中各地区污染者现有排序（即分配优先顺序）不变，该分配是现有数据条件下的客观分配，也体现出较强的公平性、系统性和科学性。因此，本研究在使用层次分析法创建合理的指标体系后，选取环境基尼系数法对广东省东江流域水权进行初始分配。

表7-1　水权初始分配方法的优劣比较

水权初始分配方法	优点	缺点
等比例削减法	与政策能较好衔接,便于实现	只适用于试点建立前期
无偿按需分配法	节约成本,操作简单	无法激发积极性
环境容量法	尊重环境,达到保护环境的目的	测算成本高,工程量巨大
排污绩效法	效率优先	公平性难以保证
层次分析法	公平与效率的结合	主观因素较大
环境基尼系数法	多指标下计算最优配置,更具公平性、系统性和科学性	层次分析法的基础上实现

7.2.2　广东省东江流域初始水权分配的方案与定位

2008年，为加强广东省东江流域水资源统一管理和调度，规范用水秩序，确保供水安全，促进广东省东江流域及相关地区经济社会可持续发展，根据《中华人民共和国水法》及相关法律法规，广东省人民政府制定并印发了《广东省东江流域水资源分配方案》（粤府办〔2008〕50号），本着公平公正、兼顾现状与发展、可持续利用和节约保护、优先保证生活和生态基本用水、水量水质双控等原则，将广东省东江流域水资源分配给广东省东江流域供水所涉及的行政区域，包括：广州市（增城市、广州东部）、深圳市、韶关市（新丰县）、梅州市（兴宁市）、河源市、惠州市以及东莞市。其中，对港供水规模按粤港供水协议确定的11亿 m³/年的规模安排。《广东省东江流域水资源分配方案》以广东省境内东江流域河川径流量为分配对象，按照防洪、供水、发电的顺序优化水库群调度，安排正常来水年（90%保证率）和特枯来水年（95%保证率）情况下各有关地级以上市取水量分配指标（见表7-2、7-3）。

2018年，《广东省东江流域水资源分配方案》颁布实施10周年之际，广东省水利厅在广州召开了《东江分水方案》颁布实施10周年学术研讨会，省水利厅党组成员、副厅长孟帆在会议上指出，《广东省东江流域水资源分配方案》是广东省深化改革、加强生态文明建设、保障东江流域特别是对香港供水安全的生动实践，是实施流域统一水量分配的具体举措，也是营造共建共治共享社会治理格局的成功典范，标志着广东省水资源管理调控的改革创新，其10年实施成效验证了水利科技成果的强大动力。

表7-2 广东省东江流域正常来水量（90%保证率）水量分配表

单位：亿m³

地区		农业分配水量	工业、生活分配水量	总分配水量
	梅州	0.2	0.06	0.26
	河源	12.2	5.43	17.63
	韶关	0.98	0.24	1.22
	东江流域	13.79	8.89	22.68
惠州	大亚湾、稔平半岛调水	0	2.65	2.65
	小计	13.79	11.54	25.33
东莞		1.92	19.03	20.95
	增城区	4.2	3.89	8.09
广州	广州东部取水	0	5.53	5.53
	小计	4.2	9.42	13.62
	深圳	0.27	16.36	16.63
	东深对香港供水	0	11	11
	合计	33.56	73.08	106.64

表7-3 广东省东江流域特枯来水量（95%保证率）水量分配表

单位：亿m³

地区		农业分配水量	工业、生活分配水量	总分配水量
	梅州	0.17	0.05	0.22
	河源	11.72	5.34	17.06
	韶关	0.89	0.24	1.13
	东江流域	12.89	8.66	21.55
惠州	大亚湾、稔平半岛调水	0	2.5	2.5
	小计	12.89	11.16	24.05
东莞		0.71	18.73	19.44
	增城区	3.91	3.54	7.45
广州	广州东部取水	0	5.4	5.4
	小计	3.91	8.94	12.85
	深圳	0.17	15.91	16.08
	东深对香港供水	0	11	11
	合计	30.46	71.37	101.83

自2008年《广东省东江流域水资源分配方案》颁布至2019年已有11年的时间，不同的发展阶段对水资源有着不同的需求，随着广东省经济飞速发展，广东省东江流域的水资源分配方案需要进一步优化。因此，本研究在现有分配方案的基础上，进一步突破，对广东省东江流域水权分配方案进行优化。

7.2.3　广东省东江流域水权初始分配理论体系

（1）环境基尼系数公平区间选取

基尼系数是一个经济学概念，由意大利经济学家基尼于1912年提出，被用于定量考察社会经济中居民收入分配的均衡性和差异性程度。其经济含义是在全部居民收入中，用于不平均分配的那部分收入占总收入的百分比。当居民之间的收入分配绝对不平均，即全部收入被1个单位占有时，基尼系数最大，值为"1"；当居民之间的收入分配绝对平均，即人与人之间收入完全平等，没有任何差异时，基尼系数最小，值为"0"。但这两种情况只是理论上的绝对化假设，在实际生活中一般不会出现。因此，基尼系数的实际数值介于0-1之间。

如图7-1，基尼系数=A/（A+B），实际分配曲线的弯曲度代表收入分配的公平程度。实际分配曲线越弯曲，收入分配的公平性越低。

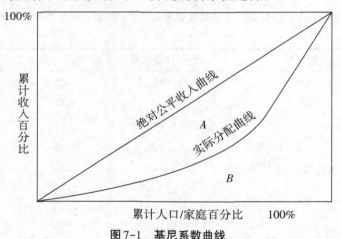

图7-1　基尼系数曲线

基尼系数能够为解决公平分配问题提供一个很好的方案。一方面，基尼系数本身是一个评价工具，用于评价分配的均衡性和公平性；另一方面，基尼系数为引入更多的评价指标创造了条件，对不同指标用基尼系数评价，可以分析或比较分配方案的偏向如公平优先或效率优先。基尼系数应用于总量分配的实质是一个"评价——优化分配——再评价"的循环过程，其基本思想是在全面了解各分配对象的自然属性和其社会经济发展现状的前提下，选择合适的指标，采用基尼系数对各分配对象的分配数量进行评价——分配——再评价。通过基尼系数的调整优化分配结果，体现了公平的思想。

基尼系数是评价公平性的指标，在不同的评价方案中，由于使用的基尼系数因子不同，所选取的基尼系数公平区间也不同。比如，在研究居民收入公平性程度时，将基尼系数值0.4作为参照标准。基尼系数低于0.4时，公平性程度较好；在环境问题的研究中，在公平条件下基尼系数可趋近于"0"，因此在总量控制前提下，认为环境基尼系数低于0.2能较好地体现公平性。

（2）水权初始分配影响因子选取

流域水权初始分配是一个复杂的工程，涉及到一个区域的经济层面、社会层面和生态环境层面。从目前应用环境基尼系数进行总量分配的研究来看，在指标选取上多采用研究者认为具有代表性的指标作为影响因子，这一做法具有一定的主观性和随机性。因此，在构建广东省东江流域水权初始分配的影响因子指标体系时，要充分考虑各个方面的因素，并选择最具代表性的指标，避免主观性和随机性。

1）影响因子选取原则

选择广东省东江流域水权初始分配影响因子时，应重点考虑：

a.区域的实现情况，选择能代表地区差异性的指标；

b.区域的发展需求，选择能够体现公平性的指标；

c.区域的自然资源状况，选择能够体现区域环境承载能力的指标；

d.指标的可获取性，选择易获取和易计量的指标。

2）指标选取模型构建

在指标选取中，构建一个好的结构层次模型至关重要，关系着是否能够完成评价任务，这是研究的第一步。对于水权初始分配影响因子的研究来说，该步骤就是将综合影响内容具体化，使用关键性指标高度概括评价内容，并通过综合权衡和科学分析后层层分解为具体指标的过程。本研究的模型共分为三个层次。

目标层：指标体系构建的目标，即进行流域水权初始分配。

维度层：即影响流域水权初始分配的因素。参考相关文献以及报告，可以从人口、经济、社会、资源和环境等多个方面来研究流域水权初始分配。由于社会因素难以衡量，故在建立指标体系时不考虑社会维度。根据指标体系建立的基本原则以及本研究的需要，维度层由四部分组成，分别是人口因素、经济因素、资源和环境因素。其中人口因素包括区域的人口水平及城市化水平，主要是考虑到初始分配的人口需求和社会公平需求；经济因素包括区域发展现状、区域居民生活水平等，重在体现区域水权初始分配的经济发展需求；资源和环境因素包括区域内能够容纳污染物排放的自然条件，并且考虑了区域的污染物排放现状以及对水污染物排放的承载能力，主要体现了自然环境需求。

指标层：在维度层的基础上，选取有代表性的具体指标反映影响流域水权初始分配的具体因素。指标的选取在遵循指标选取原则的同时，结合已有研究成果和专家意见综合确定。水权的初始分配一定程度上是分配给不同区域的不同个体，因此在水权初始分配阶段一定要考虑到人口因素。人口因素主要考虑总人口数、城市化率和人口自然增长率，其中总人口数反映区域人口的现状，城市化率反映了区域的城市发展水平，人口自然增长率在一定水平上反映了人口的增长潜力。根据中国的国情和政策需要，经济发展水平一直是衡量地区发展的重要因素，水权初始分配要考虑到地区的发展现状以及未来可持续性发展需求，因此经济因素是水权初始分配的重要维度。经济因素主要考虑地区生产总值、税收、城市人均可支配收入、农村人均纯收入和人均消费水平，其中地区生产总值反映区域发展的现状，税收是政府的主要收入来源，城市人均可支配收入、农村人均纯收入及人均消费水平反映了经济发展带来的社会福利。水权的初始分配在一定程度上是对资源的分配，同时也与环境密切相关。在本研究中，资源因素选取土地资源和水资源进行分析，指标分别为各地区的土地面积和地表水资源总量；环境因素则选取废水排放量和地表水质是否达到水功能区划要求两个指标，值得强调的是环境容量（即纳污能力）也是环境因素的重要指标之一，但其数据的收集具有一定难度，为了保证精准性，本研究将不把环境容量纳入指标体系。

根据流域水权初始分配指标选取的需要，将评价体系设定为三级，第一级目标层为流域水权初始分配 A，第二级维度层包含人口因素 B_1、经济因素 B_2、资源和环境因素 B_3。第三级指标层为维度层的分支，包括 C_1-C_{12}。层次分析指标体系见表7-4。

表7-4 流域水权初始分配影响因素指标体系

目标层	维度层	指标层
流域水权初始分配 A	人口因素 B_1	C_1总人口(万人)
		C_2城市化率(%)
		C_3人口自然增长率(%)
	经济因素 B_2	C_4国民生产总值(亿元)
		C_5税收(亿元)
		C_6城市人均可支配收入(元)
		C_7农村人均纯收入(元)
		C_8人均消费水平(元)
	资源和环境因素 B_3	C_9土地面积(km²)
		C_{10}地表水资源总量(m³)
		C_{11}废水排放量(吨)
		C_{12}地表水质是否达到水功能区划要求(-)

3）指标权重确定

流域水权初始分配影响因素指标体系包含的影响因子较多，如果直接将表7-4中所列的指标作为影响因子用于计算基尼系数则会带来很大的工作量，并且由于指标众多，要想使所有指标的基尼系数进一步优化很困难，因此有必要对上述指标进行进一步的处理。由于层次分析法可以将与决策总是有关的元素分解成目标、准则、方案等层次，然后进行定性和定量分析，具有层次递进、简化计算的特点，故本研究采用分层计算的方法，将各准则层下指标赋予权重并代入计算，得到计算结果后选择具有代表性的指标用于基尼系数的计算以及水权初始分配的调整。具体计算方法如下：

采用相关研究手段确定各个评价指标的权重，首先要对每个层次上各个评价指标之间的关系进行充分调查和了解，并以某一指标的相对重要程度构建判断矩阵。判断矩阵应遵循相对重要性取值规则，评价主体需要通过一系列的两两比较来确定指标的相对重要性，这是本研究研究方法的重点和特色。用 a_i/a_j 表示指标 a_i 相对指标 a_j 的重要性，根据表7-5所示的相对重要性取值规则，分别给出维度层和指标层的判断矩阵。

本研究选取10位专家为判断矩阵进行赋值，并参照最大一致性原则进行整理，得到最终的判断矩阵。针对维度层指标B1-B3构建判断矩阵如表7-6所示。

表7-5 相对重要性取值规则

序号	分值	取值规则
1	1	因素i与因素j相对于某一属性同等重要
2	3	因素i比因素j略微重要
3	5	因素i比因素j重要
4	7	因素i比因素j明显重要
5	9	因素i比因素j绝对重要
6	2、4、6、8	介于上述两相邻因素判断的中间
7		因素j比因素i重要$\dfrac{1}{X_{ij}}$

注：因素i与因素j相对重要性用X_{ij}来表示

表7-6 A-$B_{(1-3)}$ 的判断矩阵

	B_1	B_2	B_3
B_1	1	1	$\dfrac{1}{2}$
B_2	1	1	$\dfrac{1}{2}$
B_3	2	2	1

针对人口因素B_1下的指标C_1-C_3构建判断矩阵如表7-7所示；针对经济因素B_2下的指标C_4-C_8构建判断矩阵如表7-8所示；针对资源和环境因素B_3下的指标C_9-C_{12}构建判断矩阵如表7-9所示。

表7-7 B_1-$C_{(1-3)}$ 的判断矩阵

	C_1	C_2	C_3
C_1	1	5	3
C_2	$\dfrac{1}{5}$	1	0.50
C_3	$\dfrac{1}{3}$	2	1

表7-8　$B_2\text{-}C_{(4\text{-}8)}$ 的判断矩阵

	C_4	C_5	C_6	C_7	C_8
C_4	1	3	5	5	7
C_5	$\frac{1}{3}$	1	2	2	5
C_6	$\frac{1}{5}$	$\frac{1}{2}$	1	1	3
C_7	$\frac{1}{5}$	$\frac{1}{2}$	1	1	3
C_8	$\frac{1}{7}$	$\frac{1}{5}$	$\frac{1}{3}$	$\frac{1}{3}$	1

表7-9　$B_3\text{-}C_{(9\text{-}12)}$ 的判断矩阵

	C_9	C_{10}	C_{11}	C_{12}
C_9	1	1	3	5
C_{10}	1	1	3	5
C_{11}	$\frac{1}{3}$	$\frac{1}{3}$	1	2
C_{12}	$\frac{1}{5}$	$\frac{1}{5}$	$\frac{1}{2}$	1

计算判断矩阵权重首先计算判断矩阵每一行的乘积，如下所示：

$$M_i = \prod X_{ij}\ (i,\ j=1,\ 2,\ \cdots,\ n)$$

之后将获得的乘积进行开方处理，即计算M_i的n次方根：

$$\overline{W}_i = \sqrt[n]{M_i}$$

将每一行的处理结果构成向量并作方根法归一化处理，获得特征向量：

$$W_i = \frac{\overline{W}_i}{\sum \overline{W}_i}$$

按照上述所示的权重计算方法，对流域水权初始分配指标体系模型中各指标权重进行求取，获得的权重如下所示。

针对维度层指标，计算获得$B_1\text{-}B_3$的权重如下所示：

$$W_{A\text{-}B(1\text{-}3)} = [0.2071, 0.2071, 0.5858]$$

通过计算得出，在人口、经济和资源环境因素三个维度层中，影响广东省东江流域水权初始分配的最主要因素是资源环境因素，权重为0.7548，其次是经济因素，权重为0.1949，人口因素占比最小，仅为0.0503.

针对人口因素B_1下的指标C_1-C_3，计算获得C_1-C_3的权重如下所示：

$$W_{B1-C(1-3)} = [0.7737, 0.0632, 0.1631]$$

针对经济因素B_2下的指标C_4-C_8，计算获得C_4-C_8的权重如下所示：

$$W_{B2-C(4-8)} = [0.8599, 0.0969, 0.0206, 0.0206, 0.0021]$$

针对资源环境因素B_3下的指标C_9-C_{12}，计算获得C_9-C_{12}的权重如下所示：

$$W_{B3-C(9-12)} = [0.4633, 0.4633, 0.0564, 0.0169]$$

对比矩阵一致性公式的计算结果，若该结果处于范围之内，认为矩阵的一致程度可以被接受；若处于范围之外，认为矩阵的一致程度不可被接受。检验判断矩阵一致性的具体过程如下：

首先，计算一致性指标CI（Consistency Index）

$$CI = \frac{\lambda_{max} - n}{n - 1}$$

其中，λ_{max}为判断矩阵的最大特征值。

其次，查找一致性指标RI（表7-10），计算一致性比例CR（Consistency Ratio）。

$$CR = \frac{CI}{RI}$$

当$CR<0.1$时，认为判断矩阵的一致性是可以接受的，否则一致性检验未通过，需要对判断矩阵做出适当调整。

表7-10 平均随机一致性指标

n	1	2	3	4	5	6	7	8	9	10	11	12
RI	0	0	0.52	0.89	1.12	1.24	1.36	1.41	1.46	1.49	1.52	1.54

对A-$B_{(1-3)}$判断矩阵、B_1-$C_{(1-3)}$判断矩阵、B_2-$C_{(4-8)}$判断矩阵、B_3-$C_{(9-12)}$判断矩阵做一致性检验，得到结果见表7-11。

表7-11 一致性检验结果

判断矩阵	λ_{max}	n	CI	RI	CR
A-$B_{(1-3)}$判断矩阵	3	3	0.0000	0.5200	0.0000
B_1-$C_{(1-3)}$判断矩阵	3.0037	3	0.0018	0.5200	0.0036
B_2-$C_{(4-8)}$判断矩阵	5.0764	5	0.0191	1.1200	0.0171
B_3-$C_{(9-12)}$判断矩阵	4.0042	4	0.0014	0.8900	0.0000

四个判断矩阵的 CR 值均小于0.1，都通过一致性检验。

基于以上计算，可以得到流域水权初始分配指标体系的权重结果，包括 B 层、C 层以及目标—指标层（A-C 层）的指标权重分布情况，最终得到完整的流域水权初始分配指标权重。根据上文得出的各项权重分配结果，算出目标-指标层的指标权重分配情况，即 A-C 层的权重，分布情况如表7-12所示。

表7-12 指标 A-$C_{(1-12)}$ 权重分布

C_1	C_2	C_3	C_4	C_5	C_6
0.3244	0.0265	0.0684	0.1041	0.0117	0.0025
C_7	C_8	C_9	C_{10}	C_{11}	C_{12}
0.0025	0.0003	0.2097	0.2097	0.0070	0.0319

最后得出完整的流域水权初始分配指标体系，如表7-13所示。在流域水权初始分配中，权重最高的影响因子为总人口，权重为0.3244，其次是土地面积和地表水资源量，权重均为0.2097，权重在0.1以上的影响因子还有国民生产总值。

表7-13 流域水权初始分配指标及其权重

目标层	维度层	指标层	权重
流域水权初始分配 A	人口因素 B_1	C_1 总人口（万人）	0.3244
		C_2 城市化率（%）	0.0265
		C_3 人口自然增长率（%）	0.0684
	经济因素 B_2	C_4 国民生产总值（亿元）	0.1041
		C_5 税收（亿元）	0.0117
		C_6 城市人均可支配收入（元）	0.0025
		C_7 农村人均纯收入（元）	0.0025
		C_8 人均消费水平（元）	0.0003
	资源和环境因素 B_3	C_9 土地面积（km²）	0.2097
		C_{10} 地表水资源总量（m²）	0.2097
		C_{11} 废水排放量（吨）	0.0070
		C_{12} 地表水质是否达到水功能区划要求（-）	0.0319

对层次总排序进行一致性检验：

$$CI = \sum_{i=1}^{n} a_i CI_i$$

$$RI = \sum_{i=1}^{n} a_i RI_i$$

$$CR = \frac{CI}{RI}$$

测得 $CR<0.1$，层次总排序通过一致性检验。

4）指标体系构建

考虑到上述指标体系中涉及的指标较多，部分数据难以获取，因此在实际计算过程中可以直接选择具有代表性指标，从而简化指标体系。这是目前环境基尼系数研究中最常用的方法，如中国环境规划院选择了人口、GDP、水资源和纳污能力四个指标作为评估和调整我国"十一五"期间七大流域水污染物分配的虚拟的影响因子。参考流域水权初始分配指标权重，本研究选择权重前四的指标（包括总人口、GDP、土地面积、地表水资源总量）作为水权初始分配的影响因子进行测算。

（3）水权初始分配计算规则

1）基尼系数计算

目前关于基尼系数的研究中，基尼系数的计算有多种方法，如弓形面积法、梯形面积法等。本次研究采用梯形面积法，分别计算基于各影响因子的水权分配量百分比，累计百分比，以及不同指标下环境初始基尼系数值。假设共有 n 个影响因子，第 j（$j=1$，2，3……n）个影响因子的环境基尼系数计算公式如下：

$$G_j = 1 - \sum_{i=1}^{m}(X_{j(i)} - X_{j(i-1)})(Y_{j(i)} + Y_{j(i-1)})$$

其中，

$$X_{j(i)} = X_{j(i-1)} + \frac{M_{j(i)}}{\sum_{i=1}^{m} M_{j(i)}}$$

$$Y_{j(i)} = Y_{j(i-1)} + \frac{P_i}{\sum_{i=1}^{m} P_i}$$

式中：G_j 表示基于第 j 个影响因子的环境基尼系数；

$X_{j(i)}$ 表示某影响因子 j 的累计百分比；

$Y_{j(i)}$ 表示水权分配量的累计百分比；

m 为拟分配的区域个数；

$M_{j(i)}$ 表示某影响因子 j 的指标值；

P_i 表示某区域水权分配量。

上式中，当 $i = 1$ 时，规定 $X_{j(i-1)} = 0$，$Y_{j(i)} = 0$。

2）基尼系数优化

a.优化目标

当前的水权分配并不是最优，为了达到更优化，以各基尼系数和最小为目标函数，在约束条件下进行优化求解，并分析其可行性，确定最终最优分配方案。计算的目标函数为：

$$\min G = \sum_{j=1}^{n} G_j$$

b.总量约束

分配给各个区域的总量不得突破拟分配的目标总量，即：

$$\sum_{i=1}^{m} P_i \leqslant W$$

式中，W 表示拟分配的水权总量。

c.现状基尼系数约束

基尼系数优化要求经计算、调整后各影响因子的基尼系数不得高于调整前的基尼系数，也就是说调整后的分配方案不得使基于任何一个影响因子的公平性降低，约束条件为：

$$G_j \leqslant G_{0j}$$

式中，G_{0j} 表示某影响因子 j 的初始基尼系数。

在保证基于各影响因子的总量分配公平性均不变差的条件下去调整基尼系数，使环境基尼系数的总和最小，能够避免因某一指标的公平性变差而造成最终的分配方案在某些影响因子上的偏离从而造成不均衡和新的不公平。

d.排序约束

确保各区域或企业在各影响因子环境基尼系数计算中的排序不变，即

$$k_{j(i-1)} \leqslant k_{j(i)} \leqslant k_{j(i+1)}$$
$$k_{j(i)} = P_i / M_{j(i)}$$

式中：$k_{j(i)}$ 为第 i 个区域的水权分配量。

设置排序约束的目的是为了提高分配结果的可操作性。因为现有的区域排序实际上反映了该区域基于某一影响因子的公平程度，设置排序约束则能控制各区域的公平程度不会发生根本改变，而只是在一定范围内进行调整，以避免过大调整而导致实施的困难。

7.2.4 广东省东江流域水权初始分配实证分析

广东省东江流域包含广州市增城区、东莞市、深圳市、惠州市、河源市、

韶关市、梅州市兴宁市七个行政市（区），考虑广东省东江流域的实际情况，由于兴宁市内东江流域面积占比较小，因此选取广州市增城区、东莞市、深圳市、惠州市、河源市、韶关市六个行政市（区）的国民生产总值、总人口、土地面积及地表水资源量作为影响因子进行研究。考虑到数据的可得性与完整性，本研究以2016年为研究年份，收集GDP、总人口、土地面积及地表水资源统计数据，并以2008年《广东省东江流域水资源分配方案》发布的广东省东江流域正常来水量（90%保证率）水量分配表作为初始分配方案。基础数据见表7-14。

表7-14   广东省东江流域基础数据

行政市(区)	GDP （亿元）	总人口 （万人）	地表水资源量 （m³）	土地面积 （km²）	水权初始分配 方案 （亿m³）
东莞	6827.69	826.14	33.20	2460.08	20.95
深圳	19492.60	1190.84	30.40	1997.27	16.63
惠州	3412.17	477.50	181.00	11347.20	25.33
河源	898.72	308.10	226.50	15653.63	17.63
韶关	1218.39	295.61	252.00	18412.52	1.22
增城区	1046.85	114.53	24.23	1616.47	8.09

数据来源：GDP数据、总人口数据、土地面积数据来自各地《统计年鉴》；地表水资源量数据来自各地《水资源公报》；水权初始分配方案数据来自《广东省东江流域水资源分配方案》。

2016年，虽然深圳土地面积小，地表水资源量小，但其GDP最大，总人口数最大，水权初始分配量位居第三，其中，GDP占广东省东江流域六市（区）的59%，总人口数占广东省东江流域六市（区）的36%，水权初始分配量占比18.5%。东莞与深圳情况相似，水权初始分配量较大。河源与韶关四项指标相似，但河源的水权初始分配量要远高于韶关，韶关的水权初始分配最少。

（1）广东省东江流域各行政区初始环境基尼系数计算

按照基尼系数的算法分别计算出基于国民生产总值、总人口、土地面积及地表水资源量四个影响因素指标体系的初始环境基尼系数，计算过程中要注意对各市单位指标水权初始分配量，即各市相应点在洛伦茨曲线上的斜率进行排序。计算过程及计算结果分别见表7-15至表7-18及图7-2。

表7-15　基于生产总值的初始基尼系数计算

序列	地区	初始分配方案			生产总值			斜率	初始基尼系数
		分配量（万 m³）	百分比	累计百分比	GDP（亿元）	百分比	累计百分比		
1	深圳	166300	18.51%	18.51%	19492.60	59.25%	59.25%	7.16	
2	河源	12200	1.36%	19.87%	1218.39	3.70%	62.96%	21.82	
3	惠州	209500	23.32%	43.18%	6827.69	20.76%	83.71%	41.64	0.5289
4	增城区	253300	28.19%	71.37%	3412.17	10.37%	94.09%	57.50	
5	韶关	80900	9.00%	80.38%	1046.85	3.18%	97.27%	66.83	
6	东莞	176300	19.62%	100.00%	898.72	2.73%	100.00%	202.35	

表7-16　基于人口的初始基尼系数计算

序列	地区	初始分配方案			人口			斜率	初始基尼系数
		分配量（万 m³）	百分比	累计百分比	总人口（万人）	百分比	累计百分比		
1	韶关	12200	1.36%	1.36%	295.61	9.20%	9.20%	7.16	
2	深圳	166300	18.51%	19.87%	1190.84	37.07%	46.27%	21.82	
3	东莞	209500	23.32%	43.18%	826.14	25.71%	71.98%	41.64	0.3639
4	惠州	253300	28.19%	71.37%	477.50	14.86%	86.85%	57.50	
5	河源	176300	19.62%	91.00%	308.10	9.59%	96.44%	66.83	
6	增城区	80900	9.00%	100.00%	114.53	3.56%	100.00%	202.35	

表7-17 基于地表水资源量的初始基尼系数计算

序列	地区	初始分配方案			地表水资源量			斜率	初始基尼系数
		分配量（万 m³）	百分比	累计百分比	水资源量（亿 m³）	百分比	累计百分比		
1	韶关	12200	1.36%	1.36%	252.00	33.72%	33.72%	48.41	
2	河源	176300	19.62%	20.98%	226.50	30.31%	64.03%	778.4	
3	惠州	253300	28.19%	49.17%	181.00	24.22%	88.25%	1399.5	0.35897
4	增城区	80900	9.00%	58.17%	24.23	3.24%	91.49%	3338.8	
5	深圳	166300	18.51%	76.68%	30.40	4.07%	95.56%	5470.4	
6	东莞	209500	23.32%	100.00%	33.20	4.44%	100.00%	6310.2	

表7-18 基于土地面积的初始基尼系数计算

序列	地区	初始分配方案			土地面积			斜率	初始基尼系数
		分配量（万 m³）	百分比	累计百分比	土地面积（km²）	百分比	累计百分比		
1	韶关	12200	1.36%	1.36%	18412.52	35.76%	35.76%	0.66	
2	河源	176300	19.62%	20.98%	15653.63	30.40%	66.16%	11.26	
3	惠州	253300	28.19%	49.17%	11347.20	22.04%	88.20%	22.32	0.6022
4	增城区	80900	9.00%	58.17%	1616.47	3.14%	91.34%	50.05	
5	深圳	166300	18.51%	76.68%	1997.27	3.88%	95.22%	83.26	
6	东莞	209500	23.32%	100.00%	2460.08	4.78%	100.00%	85.16	

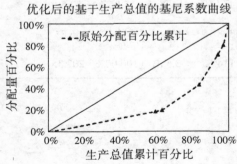

优化后的基于生产总值的基尼系数曲线

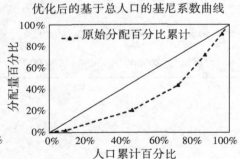

优化后的基于总人口的基尼系数曲线

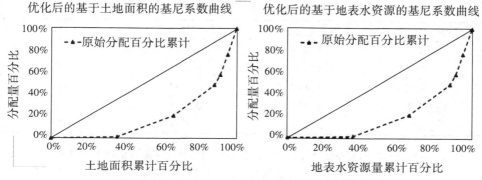

图7-2　基于各个影响因子的基尼系数曲线

参照计算出的各指标原始环境基尼系数以及基尼系数曲线，进行对比可以发现，基于生产总值的初始基尼系数为0.5289，基于总人口数的初始基尼系数为0.3639，基于地表水资源量的初始基尼系数为0.5897，基于土地面积的初始基尼系数为0.6022。基于总人口的初始基尼系数公平性最优，其他三个影响因子的初始基尼系数均在0.5以上，其公平性的提高具有很大的空间。

（2）广东省东江流域各行政区环境基尼系数优化方案

现进行广东省东江流域各行政区水权初始分配方案的优化，首先以纳入指标的基尼系数之和最小作为目标函数，并设定如下约束条件：

1）保持水权优化分配总量与初始分配总量相等；

2）保持各个影响因子在基尼系数计算结果中的排序不变；

3）保持各个影响因子优化后的结果均优于初始值。

然后利用规划求解工具，将各项参数、初始数据以及约束条件输入进行计算，得出优化后的广东省东江流域六市（区）水权分配方案见表7-19，基尼系数优化结果见表7-20及图7-3，水权初始分配量及各指标占比情况见表7-21。

表7-19　经基尼系数优化后的广东省东江流域废水排放量分配方案

序列	地区	优化分配方案（吨）	原始分配方案（吨）	变化值（吨）	变化幅度
1	东莞	284334	209500	74834	35.72%
2	深圳	139563	166300	−26737	−16.08%
3	惠州	196203	253300	−57097	−22.54%
4	河源	181852	176300	5552	3.15%
5	韶关	26590	12200	14390	117.95%
6	增城区	69957	80900	−10943	−13.53%

表7-20　基尼系数优化表

环境基尼系数	初始基尼系数	优化基尼系数	变化幅度
GDP	0.5289	0.5289	0
人口	0.3639	0.3338	0.0301
地表水资源量	0.5897	0.5897	0
土地面积	0.6022	0.6013	0.0009
总计	2.0846	2.0537	0.0310

表7-21　广东省东江流域六市（区）水权初始分配量及各指标占比情况

序号	地区	水权初始分配量占比	生产总值占比	人口数占比	地表水资源量占比	土地面积占比
1	韶关	2.96%	3.70%	9.20%	33.72%	35.76%
2	河源	3.15%	2.73%	9.59%	30.31%	30.40%
3	增城区	7.79%	3.18%	3.56%	3.24%	3.14%
4	深圳	15.53%	59.25%	37.07%	4.07%	3.88%
5	惠州	21.84%	10.37%	14.86%	24.22%	22.04%
6	东莞	31.65%	20.76%	25.71%	4.44%	4.78%

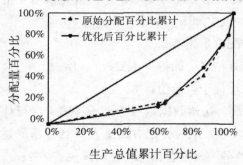

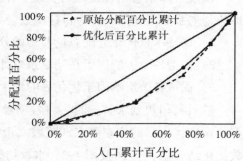

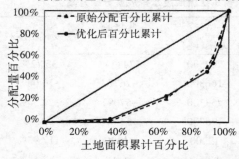

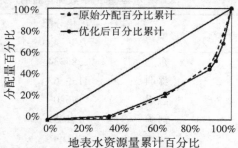

图7-3　优化后的基于各个影响因子的基尼系数曲线

由表7-20及图7-3看出经过优化后，基尼系数之和由原来的2.0846减少为2.0537，减少幅度为0.0310，优化后的结果更趋公平。但从基于各影响因子的基尼系数曲线的变化图中可以看出，基尼系数总体变化幅度并不大，各影响因子中变化幅度最大的是基于总人口的基尼系数，变化幅度为0.0301；变化幅度最小的是基于生产总值与基于地表水资源量的基尼系数，变化幅度为0。

从调整后的结果看，广东省东江流域水权初始量的区域层面分配调整量在-57097万 m³至74834万 m³之间，变化幅度在-22.54%至117.95%之间，变动幅度较大。其中河源水权分配量变动最小，增加3.15%，韶关水权分配量变动最大，共增加117.95%。优化后的水权分配方案有利于促进地区用水的均衡性和公平性。

7.3 基于水权交易的流域生态补偿途径

7.3.1 流域生态补偿途径分类

流域生态补偿途径是补偿活动的具体实现方式。总结了国际实践案例之后，根据如何内部化流域生态服务的外部性，可以将众多的补偿途径分成两类——政府主导和市场交易。

（1）政府主导

政府主导的流域生态补偿，又称为公共支付体系，是以政府行政手段强制受益方支付给补偿对象，或以政府财政转移方式直接支付给补偿对象的生态补偿模式：其特点是以行政权的行使为主要手段。具体有财政转移支付和生态补偿基金等形式。

1）财政转移支付

流域生态补偿中的财政转移支付具体是指，上下级或各地方政府以政府之间所存在的财政能力差异为基础，为实现某一共同的生态环境目标而实行的一种财政资金支付方式。从受偿方向看，财政转移支付可分为纵向和横向两种类型。前者是上级对下级的补偿，而后者一般包括下游补偿上游和发达地区对贫困地区给予资金与技术支持两个层次。

a.纵向财政支付

通过总结与流域生态环境保护息息相关的流域生态补偿实践，中央对地方纵向财政支付的实践有：天然林保护工程计划，该工程计划2001—2010年投资962亿元，对长江上游、黄河中上游和其他重点林的天然林实行禁伐、限伐，并为林场职工提供补贴，变伐木工人为林区保护员；退耕还林工程计划，该项目于2000—2010年投资3500亿元，将全国25个省（市、区）的1710个县内的林草覆盖率提高5%，使8666万公顷土地的水土流失得到有效控制，并建立1.03亿公顷防风固沙区，实现流域中上游水土涵养造福下游人民。

b.横向财政转移

在国内，省内流域上下游生态补偿实践就是横向财政支付方面的实践。福建为闽江流域生态补偿设立专项资金，要求福州市于2005—2010年每年支付1000万元支持上游三明市和南平市，用于开展两地闽江流域水环境保护的相关项目。另由福建省政府主导，九龙江流域下游的厦门市政府在2003—2007年间每年增加1000万元支持上游的漳州市、龙岩市各500万，用于九龙江养殖污染治理和垃圾、污水治理等项目。此外，泉州市晋江流域也在2005—2009期间每年筹集资金2000万元，在下游受益县区彼此之间按用水比例等因素分摊，用于晋江、洛阳江上游地区的水资源保护建设。目前，借鉴福建省下游流域生态补偿的思路，浙江省也在建立钱塘江生态补偿试点。此外，陕西省铜川市耀州区每年从水资源税收中提取10%补偿给上游水源区的林业部门，广东省东江下游的深圳、香港通过财政转移支付补偿上游地区河源市等为保护水源所作的贡献。

基于对上述实践的分析，横向转移支付的基本特点为——交易双方固定，转移支付的金额不是通过科学计算而是通过双方谈判确定，机制相对稳定。

2）生态补偿基金

建立生态补偿基金是政府、非政府机构或个人拿出资金支持生态保护行为，流域生态补偿基金主要来源于下游地区的利税、国家财政转移支付资金、扶贫资金和国际环境保护非政府机构的捐款。

20世纪80年代后期，哥伦比亚考卡河流域水稻与甘蔗种植者自发成立12个水用户协会，自愿向考卡河流域管理公司额外缴纳1.5～2美元，成立独立基金用于改善流域水质和生态环境。菲律宾Makiling森林保护区，享受水资源服务的大多数用户都每月缴纳额外的费用，成立独立基金专门用于开展各项流域保护活动。1998年，厄瓜多尔水资源保护基金通过建立信用基金补偿制度来促进该地区的流域保护。

2004年12月，中国森林生态效益补偿基金制度正式确立并全面实施。该基金采取财政预算直接拨款的方式建立，即中央政府每年拿出20亿元人民币，对全国4亿亩重点公益林进行森林生态效益补偿，补偿标准为平均标准——每年每亩5元。除国家层面支付外，北京、广州、深圳等经济发达城市也建立了配套的森林生态补偿制度。此外，浙江德清县西部乡镇生态补偿机制实践中，由县政府从水资源费、排污费、土地转让费等资金来源中提出部分经费，建立生态补偿基金，鼓励当地居民开展河流水源地水土保持、涵养等生态建设活动

（2）市场交易

以政府购买为主的生态环境服务补偿方式在实际操作中存在不少问题，人们在试图解决这些问题的同时，也在积极探索新的支付生态环境服务的模式，其中对基于市场的生态环境服务支付方式的探索最为活跃。市场交易模式是补偿双方以平等地位，通过协商与谈判，就流域资源的利用与补偿达成交易的模式。

1）产权交易

产权交易是指在流域水资源和生态服务产权清晰的前提下，买卖双方基于市场运作的方式自由交易、买卖。清晰的产权可以为确定补偿对象和补偿标准提供方便，也可以为买卖双方确定一个可以交易的平台。

世界各国在森林生态补偿中早期实践的碳权交易是国内流域水资源产权交易的借鉴范本。据此，甘肃黑河流域于2000年实行了"水权证"，即依据每户人畜数量和承包地面积分配水权，农户按照"水权证"标明的水量购买水票。水票是水权的载体，可以通过水市场出卖，其价格由市场决定。此外，浙江省金华江流域开创了我国的第一起水权交易，即下游义乌市以4元/m³的价格补偿给上游东阳市，获得了上游横锦水库5000万立方米水的永久使用权。另在北京密云水库补偿实践中，在明晰了北京市和河北省初始水权的基础上，下游地区的北京市以水权确认形式补偿上游地区为保障首都水资源安全供应所做出的植树造林、水土保持等多方面的努力。

2）协商交易

协商交易一般具有两个特点：第一，交易的双方基本上是确定的，在某一个中小流域只有一个或少数潜在的买家（某城市市政供水企业、某水力发电站、某特殊用水企业（如矿泉水企业、酿酒企业、某灌区等）），同时只有一个或少数潜在的买家；第二，交易的双方直接谈判，或者通过中介确定交易的条件与金额，该中介可能是政府部门，非政府组织或者咨询公司。这种途径常见于流域上下游之间的生态/环境服务交易。

在国际上主要有以下几个例子：a.纽约市政府投资购买上游Catski11s流域

的生态/环境服务，开展清洁供水交易，即向该流域内的奶牛场和林场经营者支付4000万美元，让人们采用对环境友好的生产方式来改善水质。同时确保流域水质达到环保局要求；b.20世纪80年代，法国世界上最大的天然矿泉水公司Perrier VittelS.A.（简称Vittel）投资约900万美元购买了流域上游水源区1500亩农业土地，并将土地使用权无偿返还给那些愿意改进土地经营方式的农户。同时，与那些同意将土地转向集约程度较低的乳品业农场签订了18-30年的合同，且每年向每个农场每公顷土地支付320美元，连续支付7年，以此来要求所有获得补偿支付的土地都必须"发展以草原为基础的乳品农业、实施动物废弃物处理改良技术、禁止种植玉米和使用农用化学品"。项目实施前后的水质监测结果显示，该公司成功地减少了对下游的非点源污染，增强了水源区水资源的净化能力，节约了开发利用新水源地所需要的成本投入。

生态环境服务的一对一交易支付方式在中国少见报道，但是中国实际上存在类似的实践案例：云南省丽江市于1998年将拉市海"变湖为海"，给上游地区支付补偿金用于补偿因建坝造成的各种影响；广东省的曲江县政府从自来水公司和水电公司收取一定的费用补偿上游水源区农户等。

3）开放式贸易

开放式贸易，又称市场贸易，指政府限定了试点某项资源需要达到的环境标准后没达标或超标的部门可对指标进行交易。其重要特征是政府已经确定了某项资源的环境标准，且相对而言存在大量不确定的交易方，买卖的生态环境服务是被计量为标准化了的商品单位。

澳大利亚的Mullay-Darling流域由于森林砍伐造成了土壤盐碱化加重、下游水质逐渐恶化，实施了水分蒸发蒸腾信贷，即下游农场主按每点腾100万升水交纳17澳元的价格进行购买信贷，或按每年每公顷土地支付85澳元进行补偿，支付10年，拥有上游土地所有权的州林务局，通过种植树木或其他植物来获得蒸腾作用或减少盐分的信贷，以改善土壤质量，间接改善流域水质。美国为减少河流富营养化、改善水质，采用了污染信贷交易，即一家污染单位用较低的或本将污染物排放量降低到规定的水平之下，并可将其节省的这部分排放指标（即信贷）出售给其他认为购买信贷比执行标准的成本更低的污染单位。

7.3.2 广东省东江流域生态补偿途径

本研究选取水权交易作为广东省东江流域生态补偿的方式，广东省作为水权交易试点之一，已经积累了一定的水权交易经验。2016年12月20日，广东省人民政府发布了《广东省水权交易管理试行办法》，并于2017年12月1日起施行。《广东省水权交易管理试行办法》对水权交易的出让方、受让方、可交易水权，以及交易流程进行了规定。《广东省水权交易管理试行办法》要求符合资质的交易双方向交易平台提交相关资料，通过审查后签订取水权转让协议，完成水权转让。现行水权交易是在交易双方达成交易意愿的基础上完成，多是一对一交易，配置的市场化不高。本研究参考土地交易方式及现有水权交易模式，结合协议转让、招标投标与公开竞价等方式，选择"招拍挂"作为广东省东江流域的主要生态补偿途径。具体补偿流程见图7-6：

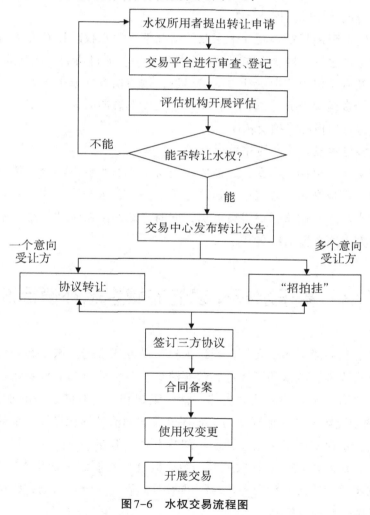

图7-6 水权交易流程图

（1）备案、发布公告

有意出让水权的政府向省人民政府指定的交易平台提交出让水权的申请并进行备案，由交易平台拟定水权出让方案，根据估价报告和水资源市场行情初步拟定出让底价。同时，水权交易中心也需要对申请者的资格与相关材料（包括水权交易所在地政府的意见、取水许可证等）进行审查与登记，并交评估机构对交易的可行性和必要性、核实申请者的身份、评价本次可交易水量和交易成本和价格构成等进行评估，并出具评估报告。水权交易中心依据评估报告发布水权交易信息，进行公示。

（2）协议转让或招拍挂

在规定期限内只征集到一个买家的情况下，由水权转让双方协商，即协议转让方式是指水权交易双方在交易平台的撮合下，通过协商、谈判的方式成交。在有两个及两个以上意向受让方的情况下，按照招投标或拍卖方式的要求，对竞买人进行资质审查并筛选，若仍剩两个及以上意向受让方，则在评估出让底价基础上进行招投标或拍卖转让。

（3）签订水权转让合约并交割

达成交易的出让方和受让方需要在交易中心的监督下洽谈、签订水权交易三方协议。水权交易中心将三方协议上报水务局、水利厅备案。针对水权交易的情况，水利厅对用水指标进行变更，同时更新交易系统的信息；水权交易中心组织双方主体实施水权交易。

7.4　基于水权交易的流域生态补偿标准

开展生态补偿型水权交易，通过水权交易方式推进流域生态补偿，是建立市场化方式改善流域水环境质量、落实流域生态补偿机制的重要途径，有助于推动构建政府为主导，企业为主体，社会组织和公众共同参与的水治理体系，有助于调动流域上下游地区参与生态环境保护和治理的积极性，加快推进生态文明建设。水权交易虽然是一种市场调节方式，但在水权交易市场中依然需要政府介入，保障流域生态补偿顺利进行。因此，在制定流域生态补偿标准时，需要从政府角度考虑水权交易价格标准指引，形成政府与市场有机结合的广东省东江流域生态补偿机制。

7.4.1 生态补偿标准确定方式

构建生态补偿机制是目前改善生态环境质量、协调环境保护与经济发展矛盾的重要手段。其中，研究中的核心问题和难点就是生态补偿标准的确定，由于生态补偿对象的多样性以及范围的不确定性等原因，目前在学术界并没有形成公认的生态补偿标准的确定方法。比较常用的方法包括生态系统服务功能价值法、机会成本法、意愿调查法、市场法等诸多方法。

（1）生态补偿标准确定方法

生态补偿标准的确定主要依赖于生态系统服务功能价值理论、市场理论和半市场理论，根据不同的理论，衍生出了不同的生态补偿标准确定方式。其中，生态系统服务功能价值法和生态效益等价分析法（HEA）的依据是生态系统服务功能价值理论；市场理论衍生出了生产理论方法；机会成本法、意愿调查法和微观经济学模型法依据半市场理论得出。

1）生态系统服务功能价值法

该方法是基于生态系统服务功能本身的价值或修正后的价值来确定生态补偿标准的一种方法。这种方法的核心内容是：运用市场价值法、机会成本法、基本成本法、人力资本法、生产成本法和置换成本法等方法估算出生态系统服务功能的价值，并且利用估算出的价值进一步确定出生态补偿的标准。

2）生态效益等价分析法（HEA）

HEA是定量化生态功能损失的一种方法，并且可以计算出弥补生态功能破坏所需要的补偿比例，也就是确定了补偿的标准。这是一种多参数的经济数学模型，利用经济学的手段进行分析，得到具体参数，代入建立好的数学模型当中，就可以定量出生态补偿的强度。HEA是一种比较先进的确定生态系统服务功能价值的方法，从破坏的生态系统服务功能的恢复价值出发得到生态补偿的标准，符合生态补偿的目的。其主要假设是：a.使得补偿前后的生态功能不变；b.使用的衡量生态功能的单位一致；c.生态价值占据生态功能的比例不变；d.单位实际价值不随时间变化；e.损害与补偿的单位价值相等；f.没有被损害的生态价值不变。

3）市场法

市场法的原理是把生态系统服务功能看成一种商品，围绕着商品建立一个市场，市场的买卖双方分别是生态补偿的补偿者和受偿者。在该市场里，决定生态补偿标准的方法是按市场规律的均衡价格，也就是供求曲线的交点。生态系统服务功能本身的价值要么被弱化要么涵盖于市场定价中。市场是多元化的，包括竞争市场和垄断市场，所以其定价机制也有所不同，在生态补偿项目的实施过程中，对市场的特质研究很少，这种定价方式一般是两个区域政府或企业与政府的协调定价。市场法确定生态补偿标准主要用于水资源的生态补偿和碳排放权交易。这主要是由于水资源和碳排放权的定价具有很强的市场属性。排污权、碳排放权与水权交易均属于市场法的生态补偿标准。对于水资源来说，水权交易的价格并不单一由政府确定，也受水权交易转让方与受让方的需求影响，因此以市场机制确定生态补偿标准可行性很高。

4）机会成本法

机会成本法被认为是目前较为合理且常用的确定生态补偿标准方法，可以直接补偿生态系统服务功能的提供者保护环境所遭受的经济损失。准确的数据可以计量出地区保护环境的成本，根据保护的机会成本确定的生态补偿数据能达到促使补偿者自觉保护环境的目的。而且，机会成本法避免了对复杂的生态系统服务功能的价值的估算，得到简单的保护成本。但机会成本法也有一些缺点。首先，根据定义，机会成本是保护者放弃的机会。在生态保护过程中，保护者放弃了很多机会，不仅仅是农业或者林业的收入，也包括矿产资源或者发展工业等，这种机会成本是相当高的，目前所考虑的仅仅是机会成本的一部分。其次，数据的真实性决定机会成本法的准确度，大部分社会调查得出的数据都带有偏差。最后，作为半市场理论的一种方法，其结果只是单方面的一种定价方法，根据受偿者的机会成本来做决定，能否得到补偿者的认可还需要进一步研究。

5）意愿调查法

意愿调查法把生态补偿利益相关方的收入、直接成本和预期等因素整合为简单的意愿，避免了大量的基础数据调查，而且根据意愿调查获得的数据能够得出生态系统服务提供者自主提供优质生态系统服务的成本，也可以得到补偿提供者所愿意支付的最大值。意愿调查法直接针对利益相关者进行调查，故其应用范围很广。意愿调查法的缺点在于风险比较大，即调查得出的结论可能会与真正的意愿不相符合，产生这种结果主要如下：a.利益相关者对调查的理解情况不同。b.被调查者可能会朝自己有利的方向阐释意愿。另外，这种方法属于半市场理论，因此存在着接受意愿和支付意愿两种标准的不统一，尤其当支付意愿远远小于接受意愿的时候难以调节。

6）微观经济学模型法

微观经济学模型法是以微观经济学原理为基础，通过对相关个体的偏好研究，来解决确定生态补偿标准的问题的一种方法。在目前利用微观经济学模型法来确定生态补偿标准的研究中，主要的原理是关于生态系统服务功能提供者和享受者的微观决策，也就是经济学中生产者和消费者的生产或消费决策过程。这些方法最大的优点是通过严格的经济学推导，得出理论上的结果，属于客观的推理过程，具有逻辑严谨等特点，可以作为生态补偿标准方法研究的理论依据。然而，这些方法所大量探讨的理论数值关系并没有被实证研究证实，因此其应用价值还处于探索阶段。利用微观经济学模型法来确定生态补偿的标准还没有形成一个较为统一的体系，因此，在研究方法上不同的学者采取的方法不同，得出的结论也存在着很大的差异，难以进一步比较。同时，没有共同的体系基础使得整个研究进程缓慢。

表7-30　生态补偿标准确定方法总结

方法名称	原理	适用对象	特点			典型案例
			数据量需求	计算复杂程度	结果适用程度	
生态系统服务功能价值法	生态系统服务功能价值理论	能够度量生态系统服务功能经济价值的生态补偿	大	大	低	厄瓜多尔热带雨林经济价值核算项目
生态效益等价分析法	替代成本	能够找到参照点的生态补偿	大	大	中	石油泄漏生态价值损失衡量
市场价值法	供求平衡	水资源交易、碳排放交易、生物多样性	中	小	高	东江、义乌水权协议
机会成本法	机会成本理论	能定量得出保护者的机会成本	大	中	高	美国环境质量激励项目
意愿调查法	补偿者和受偿者意愿	多种类型的生态补偿	大	大	高	西藏水资源生态补偿
微观经济学模型法	微观经济学	多种类型的生态补偿	中	大	低	哥斯达黎加森林生态补偿

这六种不同方法的原理、适用对象、特点和具体案例如表7-30所示。基于广东省东江流域生态环境特征与水资源现状，其生态补偿标准应选择适合水资源交易的市场价值法。在构建基于水权交易的流域生态补偿标准时，必须明确政府对水权交易的指引，即政府对水权交易价格标准的确定。

7.4.2 广东省东江流域水权交易价格标准

水权交易作为一种市场化程度较高的生态补偿方式，其交易价格能够客观反映水资源的稀缺程度以及交易双方的交易意愿，决定了整个水权交易过程的走势。过低的交易价格不仅损害了水权出让方的利益，也不利于水资源的节约和保护；过高的交易价格则可能因增加水权受让方的用水成本，使交易难以达成。因此，水权交易需要也应该存在一个合理的价格水平。在水权交易制度建设初期，社会对水权的价值与价格还未形成较为统一的认识，此时政府的行政力量在水权价格形成过程中发挥主导作用。在进行水权交易前，水行政主管部门与物价部门综合考虑水权的社会价值及经济成本等因素，联合制定水权交易参考价格（$P_{基}$）作为水权交易的统一基准单价，参与水权交易的双方参考具体交易时涉及的水权交易的生态补偿机制以及水权交易成本，通过协商转让或"招拍挂"等方式达成交易价格。

广东省东江流域水权交易属于同一流域内上下游城市之间的区域水权交易，其间不需要修建专用的输水工程设施，交易价格不考虑工程因素的影响。但水权在同一流域不同区域之间转让时，可能会影响流域水资源空间分配，对流域内未参与水权交易的城市产生外部性。广东省经济发达地区普遍集中在河口三角洲及沿海地区，东江流域下游城市经济发展水平相对较高，水资源开发利用率、对水权交易价格的承受能力等各方面皆高于流域上游城市；上游城市水资源开发利用程度普遍较低，其区域内水资源开发利用仍存在较大潜力。下游城市由于经济社会发展需要，部分城市水资源利用程度逼近其用水总量控制上限，下游城市对水权的需求大于上游城市，因此，从经济社会因素、供求关系等方面考虑，应鼓励上游城市向下游城市转让水权。同流域上不同区域之间的水权交易可以根据水权在流域上的转移方向，以政府制定的水权价格（$P_{基}$）为基础，实现下游城市对上游城市的流域生态补偿。

关于生态补偿型水权交易价格的确定，应以建设生态修复工程作为替代方案实现对水权交易外部性的补偿，以建设生态修复工程成本作为生态补偿成本的量化依据，根据生态修复工程成本、运行修护成本、工程处理能力等要素，建立定价模型估计单位水权交易量价格，具体生态补偿价格计算方法如公式（7-1）所示。

$$P_{生} = \beta g \frac{c}{s} \qquad (7-1)$$

其中，$P_{生}$ 为水权交易单位水量的生态补偿价格，β 为污水排放综合系数，c 为污水处理设施成本，s 为该区域现有污水处理能力，$\frac{c}{s}$ 为水权交易后单位水量生态修复成本。生态修复工程主要以污水排放量作为参照，因此要乘以污水排放综合系数以确定生态修复工程的等效规模。

将以上生态补偿价格叠加到水权交易基准价格，不考虑流域输水工程成本即得到同一流域内水权交易参考价格，如公式（7-2）所示。

$$P_{水} = P_{基} + \lambda g P_{生} \qquad (7-2)$$

其中，$P_{水}$ 同一流域内水权交易参考价格，$P_{基}$ 为政府制定的水权交易参考价格；λg 为上下游水权转移影响因子。

通过构建水权交易定价模型可测算水权交易的参照价格，但广东省东江流域进行水权交易时，为了维持水权交易市场秩序，确保交易的公平公正，价格还需由交易双方通过政府主导的市场机制确定，交易双方可基于政府制定的水权交易参考价格，综合考虑水权交易的"长期意向"或"短期协议"进行协议转让、招拍挂或其他交易方式，最终达成一致的交易意愿。广东省作为水权交易试点，广东省东江流域已开展水权交易实践。2017年，位于广东省东江流域上游的惠州市与位于下游的广州市进行水权交易，转让方为惠州市人民政府，受让方为广州市人民政府。惠州市作为东江流域上游城市，每年用水量稳定在21亿 m³以下，惠州的用水总量控制量为21.94亿 m³，每年有约1亿 m³的结余量可供交易。惠州市与广州市通过协议转让的方式达成进行水权交易，协议规定转让期限为5年；交易量为用水总量控制指标514.6万 m³以及东江流域水量分配指标10292万 m³；成交价格为用水总量控制指标0.662元/m³·年，东江流域水量分配指标0.01元/m³·年；成交金额共计22179260元。这一交易依托取水许可证管理、水平衡测试、灌区节水改造工程建设、渠系水利用系数测算、节水潜力评估、水资源监控系统建设等一系列措施，形成了"事先确权——事中评估——事后监管"的水权交易流程，明确了基于水权交易的流域生态补偿标准，为构建基于水权交易的广东省东江流域生态补偿机制提供可操作、可复制、可推广的实践经验。

8 广东省东江流域生态补偿绩效评价

为衡量基于水权交易的广东省东江流域的生态补偿项目究竟在多大程度上满足了交易双方的目标以及评估生态系统服务对原来境况的改善程度，同时对生态补偿项目的顺利实施进行补偿效果的正面反馈，需要对广东省东江流域生态补偿的绩效进行评价。

8.1 生态补偿绩效评价方法

流域水资源生态补偿绩效评价是一个复杂的工程。从国内来看，一部分研究运用统计调查的研究方法，这些研究多停留于方法的探究以及文字、数字的叙述和罗列；另一部分则运用了一些定量方法，如层次分析法（AHP）、主成分分析法。在选择绩效评价的方法时，一方面应避免绩效值仅限于某个单一指标而无法体现综合性；另一方面应避免由于方法和样本的问题，导致其得出的绩效值不能进行综合横向比较，从而影响定量分析效果以及对政策贯彻落实情况的评价。为此，本研究借鉴层次分析法这一定量研究方法，构建系统全面的绩效评价指标体系，对东江流域水资源生态补偿效率进行测度。

8.2 广东省东江流域生态补偿绩效评价体系构建

8.2.1 生态补偿绩效影响因素分析

生态补偿绩效的影响因素应从宏观和微观两个层面进行分析。

（1）宏观层面的影响因素分析

第一，跨行政区域的流域水资源生态补偿政策安排。跨行政区域的水资源生态补偿政策，直接决定了该区域流域水资源生态补偿的实施效果。在制定生态补偿政策时，要明确各地区责任，充分考虑区域协调发展这一政策目标，对区域内较贫困地区给予适当的政策倾斜，提升贫困地区的经济发展水平，促进区域协调发展。

第二，流域水资源生态补偿方式、补偿标准和补偿期限。一般来说，接受流域水资源生态补偿的地区是较贫困的上游地区，补偿方式、标准及期限直接决定了补偿能否弥补上游地区失去发展机会的损失。如果不能弥补其损失，区域之间不平衡的问题将更加严重。另外，补偿方式还要考虑贫困地区自身的发展情况，只有贫困地区自身拥有发展潜力才能更好地实现经济社会发展，最终实现区域的协同发展。

第三，流域内产业结构与布局。当前的流域水资源生态补偿方式比较单一，主要是资金补偿方式。在补偿期限结束后，接受补偿的地区又恢复到补偿之前的情况，并不能从根本上解决上游地区的贫困落后状况。因此，调整上游地区的产业结构比直接的经济补偿更具有可持续性。

（2）微观层面的影响因素分析

第一，综合效率的影响因素分析。从广义的角度来说，综合效率是指水资源生态补偿的总投入与总产出比值，而投入与产出很难用具体的数值衡量。投入包括地方政府的财政投入、生态项目的建设、政策支持以及其他单位和个人的水资源保护投入等；产出包括经济收益的增加、水资源生态环境的改善、水质的提高、水量的增加、基础设施建设的加强、生活品质的提升与环境意识的增强。

第二，经济效率的影响因素分析。流域水资源生态补偿的经济效率是指因实施流域水资源生态补偿而带来的经济效益。具体是指因水量增加、水质提高及生态环境改善带来的经济效益增加，以及上游地区的产业结构调整而促进了经济发展。

第三，社会效率的影响因素分析。流域水资源生态补偿的社会效率是指因实施流域生态补偿而带来的社会效益。具体是指因为流域水资源生态补偿政策实施带来的公共基础设施完善，生态移民安置状况和社会保障水平的提高等。

第四，生态效率的影响因素分析。流域水资源生态补偿的生态效率是指因实施流域水资源生态补偿而带来的生态效益。这方面的内容涉及环境综合治理、资源利用和生态保护。

第五，文化效率的影响因素分析。流域水资源生态补偿的文化效率是指因实施流域水资源生态补偿而带来的文化效益。包括当地政府在教学中注重引导公民保护环境和水资源，进行环境保护等相关知识的教育，培养公民爱护环境和水资源的意识等。

第六，政治效率的影响因素分析。流域水资源生态补偿的政治效率是指因实施流域水资源生态补偿而带来的政治效益。地方政府应该针对流域水资源的利用与保护情况召开会议及制定政策，在制定政策的过程中应听取群众意见，使人民群众的利益得到保障。

由于水资源生态补偿的总投入与总产出很难定量衡量，并且宏观因素与政治效率指标难以量化，故本研究选择从社会效率、经济效率、生态效率和文化效率这四个层面进行分析。

8.2.2 绩效评价模型构建

在绩效评价体系中，构建好的结构层次模型对于评价至关重要。层次分析法要求首先构建流域水资源生态补偿效率的模块层；之后根据每个模块层的特征构建约束层；再根据流域水资源生态补偿的特点选取具体的指标，运用专家打分的方法对各指标赋予权重，形成相对完备的流域水资源生态补偿效率测度指标体系。广东省东江流域基于水权交易的生态补偿绩效评价模型分为三层：

目标层：即流域水资源生态补偿综合效率，它从一定程度上可以反映社会效率、经济效率、生态效率及文化效率协调度。

维度层：根据指标体系建立的基本原则，由系统结构所决定的维度层，分别是社会效率、经济效率、生态效率与文化效率维度。

指标层：每个具体指标都表示一定数目的基础变量，全面反映流域水资源生态补偿的成本和效应。

（1）指标选取

指标选取需要考虑测度的科学性、数据的可得性以及反映问题的全面性。四个层面的指标选取过程如下：

第一，社会效率层面指标包括实施流域水资源生态补偿的社会成本和社会收益。具体来说，社会成本方面包括活劳动和物化劳动的一次性消耗量，以及社会资本的消耗；社会收益方面包括城镇就业增加量、基础设施改善情况、人民生活水平提高程度、社会保障改善程度等。就业容纳量越大，基础设施改善状况越好，社会保障覆盖面越广，人民生活水平越高，社会效率越高。

第二，经济效率层面指标包括实施流域水资源生态补偿的经济成本和经济收益。具体来说，经济成本方面包括农业用水、工业用水等耗水量；经济收益方面包括生产总值增长率、各产业产值增长率等，选取反映经济发展水平、资源消耗的指标。经济收益为环境保护过程中直接获得的收益，以及由于环境质量的提高所带来的其他收益。经济发展水平越高，经济效率越高，资源消耗越高，经济效率越低。

第三，生态效率层面指标包括实施流域水资源生态补偿的生态成本和生态收益。具体来说，生态成本方面包括环境保护支出及治理废水支出等；生态收益方面包括水土流失治理、造林、改善工业废水排放情况等。

第四，文化效率层面指标包括实施流域水资源生态补偿的文化成本和文化收益。具体来说，文化成本包括教育支出、文化体育与传媒支出、科学技术支出等；文化收益包括物质文化收益、行为（制度）文化收益、精神文化收益等。

流域水资源生态补偿绩效评价指标体系见表8-1。

表8-1　流域水资源生态补偿绩效评价指标

目标层	维度层	指标层
流域水资源生态补偿综合效率 A	生态效率 B_1	C_1森林覆盖率(%)
		C_2林业用地面积比例(%)
		C_3退耕还林(草)面积(公顷)
		C_4工业废水排放量(万吨)
		C_5工业废水排放达标率(%)
		C_6综合治理水土流失面积(km²)
		C_7工业废水中COD排放量(吨)
		C_8工业废水中氨氮排放量(吨)
		C_9城镇公共以及生态环境用水比例(%)
		C_{10}供水量(亿m³)
	经济效率 B_2	C_{11}生产总值增长率(%)
		C_{12}万元GDP耗水量(m³/万元)
		C_{13}第三产业产值增长率(%)
		C_{14}工业用水比例(%)
		C_{15}农业用水比例(%)
		C_{16}农林牧渔业增加值增长率(%)

续表 8-1

目标层	维度层	指标层
	社会效率B_3	C_{17}新增城镇就业量(万人)
		C_{18}居民消费价格指数(%)
		C_{19}人均用水量(m³/年)
		C_{20}生活用水比例(%)
		C_{21}有效灌溉面积(千公顷)
		C_{22}自来水普及的村的比例(%)
		C_{23}城镇居民人均可支配收入(元)
		C_{24}农村居民人均纯收入(元)
	文化效率B_4	C_{25}教育支出比例(%)
		C_{26}文化体育与传媒支出比例(%)
		C_{27}科学技术支出比例(%)

（2）建立判断矩阵

根据相对重要性的取值规则，判断矩阵的建立需要十位专家对目标层—维度层和维度层-指标层各影响因素的相对重要性打分，通过最大一致性原则进行整理，得到相应的判断矩阵，见表8-2至8-6。

表8-2 维度层指标$A-B_{(1-4)}$的判断矩阵

	B_1	B_2	B_3	B_4
B_1	1	1	1/3	2
B_2	1	1	1/2	3
B_3	3	2	1	5
B_4	$\frac{1}{2}$	$\frac{1}{3}$	$\frac{1}{5}$	1

表8-3 生态效率$B_1-C_{(1-10)}$的判断矩阵

	C_1	C_2	C_3	C_4	C_5	C_6	C_7	C_8	C_9	C_{10}
C_1	1	3	2	1	$\frac{1}{2}$	$\frac{1}{4}$	1	$\frac{1}{2}$	1	$\frac{1}{2}$
C_2	$\frac{1}{3}$	1	1	1	$\frac{1}{2}$	$\frac{1}{3}$	1	$\frac{1}{2}$	$\frac{1}{2}$	$\frac{1}{2}$
C_3	$\frac{1}{2}$	1	1	1	$\frac{1}{2}$	$\frac{1}{3}$	1	$\frac{1}{2}$	$\frac{1}{2}$	$\frac{1}{2}$
C_4	1	1	1	1	3	2	3	3	2	$\frac{1}{2}$

	C_1	C_2	C_3	C_4	C_5	C_6	C_7	C_8	C_9	C_{10}
C_5	2	2	2	$\frac{1}{3}$	1	2	2	2	2	$\frac{1}{2}$
C_6	4	1	3	$\frac{1}{2}$	$\frac{1}{2}$	1	1	1/2	1	$\frac{1}{2}$
C_7	1	1	1	$\frac{1}{3}$	$\frac{1}{2}$	1	1	1	4	$\frac{1}{2}$
C_8	2	2	2	$\frac{1}{3}$	$\frac{1}{2}$	2	1	1	1	$\frac{1}{2}$
C_9	1	2	2	$\frac{1}{2}$	$\frac{1}{2}$	1	$\frac{1}{4}$	1	1	1
C_{10}	1	2	2	2	2	2	2	2	1	1

表8-4　经济效率$B_2-C_{(11-16)}$的判断矩阵

	C_{11}	C_{12}	C_{13}	C_{14}	C_{15}	C_{16}
C_{11}	1	$\frac{1}{2}$	2	$\frac{1}{5}$	$\frac{1}{2}$	$\frac{1}{4}$
C_{12}	2	1	4	$\frac{1}{3}$	$\frac{1}{3}$	3
C_{13}	$\frac{1}{2}$	$\frac{1}{4}$	1	$\frac{1}{4}$	$\frac{1}{3}$	$\frac{1}{2}$
C_{14}	5	3	4	1	2	2
C_{15}	2	3	3	$\frac{1}{2}$	1	2
C_{16}	4	$\frac{1}{3}$	2	$\frac{1}{2}$	$\frac{1}{2}$	1

表8-5　社会效率$B_3-C_{(17-24)}$的判断矩阵

	C_{17}	C_{18}	C_{19}	C_{20}	C_{21}	C_{22}	C_{23}	C_{24}
C_{17}	1	2	$\frac{1}{3}$	$\frac{1}{4}$	$\frac{1}{5}$	$\frac{1}{4}$	$\frac{1}{6}$	$\frac{1}{6}$
C_{18}	$\frac{1}{2}$	1	$\frac{1}{3}$	$\frac{1}{2}$	$\frac{1}{8}$	$\frac{1}{2}$	$\frac{1}{6}$	$\frac{1}{7}$
C_{19}	3	3	1	1	$\frac{1}{3}$	1	$\frac{1}{3}$	$\frac{1}{3}$
C_{20}	4	2	1	1	$\frac{1}{2}$	1	$\frac{1}{2}$	$\frac{1}{2}$
C_{21}	5	8	3	2	1	2	1	1
C_{22}	4	2	1	1	$\frac{1}{2}$	1	$\frac{1}{2}$	$\frac{1}{2}$
C_{23}	6	6	3	2	1	2	1	1
C_{24}	6	7	3	2	1	2	1	1

表8-6　文化效率 B_4-$C_{(25-27)}$ 的判断矩阵

	C_{25}	C_{26}	C_{27}
C_{25}	1	$\dfrac{1}{2}$	$\dfrac{1}{2}$
C_{26}	2	1	1
C_{27}	2	1	1

（3）计算判断矩阵权重

按照前文所述权重计算方法，对流域水资源生态补偿综合效率模型中各指标权重进行测算。针对维度层指标，计算获得 B_1-B_4 的权重如下所示：

$$W_{A-B(1-4)} = \left[0.1891, 0.2316, 0.4898, 0.0894\right]$$

针对生态效率 B_1 下的指标 C_1-C_{10}，计算获得 C_1-C_{10} 的权重如下所示：

$$W_{B1-C(1-10)} = \begin{bmatrix} 0.0867, 0.0649, 0.0606, 0.1425, 0.1298, \\ 0.0929, 0.0857, 0.0984, 0.0832, 0.1553 \end{bmatrix}$$

针对经济效率 B_2 下的指标 C_{11}-C_{16}，计算获得 C_{11}-C_{16} 的权重如下所示：

$$W_{B2-C(11-16)} = \left[0.0753, 0.1640, 0.0580, 0.3471, 0.2254, 0.1302\right]$$

针对社会效率 B_3 下的指标 C_{17}-C_{24}，计算获得 C_{17}-C_{24} 的权重如下所示：

$$W_{B3-C(17-24)} = \begin{bmatrix} 0.0350, 0.0324, 0.0870, 0.0998, \\ 0.2158, 0.0998, 0.2130, 0.2172 \end{bmatrix}$$

针对文化效率 B_4 下的指标 C_{25}-C_{27}，计算获得 C_{25}-C_{27} 的权重如下所示：

$$W_{B4-C(25-27)} = \left[0.2, 0.4, 0.4\right]$$

（4）检验判断矩阵一致性

对 A-$B_{(1-4)}$ 判断矩阵、B_1-$C_{(1-10)}$ 判断矩阵、B_2-$C_{(11-16)}$ 判断矩阵、B_3-$C_{(17-24)}$ 判断矩阵、B_4-$C_{(25-28)}$ 判断矩阵进行一致性检验，得到结果如表8-7，CR 值均小于0.1，5个判断矩阵都通过一致性检验。

表8-7　一致性检验结果

判断矩阵	λ_{max}	n	CI	RI	CR
A-$B_{(1-4)}$ 判断矩阵	4.0248	4	0.0083	0.89	0.0093
B_1-$C_{(1-10)}$ 判断矩阵	11.2944	10	0.1438	1.49	0.0965
B_2-$C_{(11-16)}$ 判断矩阵	6.5365	6	0.1.73	1.24	0.0865
B_3-$C_{(17-24)}$ 判断矩阵	8.1654	8	0.0236	1.41	0.0168
B_4-$C_{(25-28)}$ 判断矩阵	3	3	0	0.52	0

（5）权重结果

基于以上计算可以得到广东省东江流域生态补偿综合效率的权重结果，包括B层、C层以及目标层—指标层（A–C层）的指标权重分布情况。

根据上文得出的各项权重分配结果，需要算出目标层-指标层的指标权重分情况，即A–C的权重，分布情况见表8-8，指标评价权重见表8-9。

表8-8　指标A–C $_{(1\sim27)}$ 权重分布

C_1	C_2	C_3	C_4	C_5	C_6	C_7	C_8	C_9
0.0164	0.0123	0.0115	0.0269	0.0246	0.0176	0.0162	0.0186	0.0157
C_{10}	C_{11}	C_{12}	C_{13}	C_{14}	C_{15}	C_{16}	C_{17}	C_{18}
0.0294	0.0174	0.038	0.0134	0.0804	0.0522	0.0301	0.0172	0.0159
C_{19}	C_{20}	C_{21}	C_{22}	C_{23}	C_{24}	C_{25}	C_{26}	C_{27}
0.0426	0.0489	0.1057	0.0489	0.1043	0.1064	0.0179	0.0358	0.0358

表8-9　流域水资源生态补偿绩效评价指标

目标层	维度层	指标层	权重
流域水资源生态补偿综合效率A	生态效率B_1	C_1森林覆盖率(%)	0.0164
		C_2林业用地面积比例(%)	0.0123
		C_3退耕还林(草)面积(公顷)	0.0115
		C_4工业废水排放量(万吨)	0.0269
		C_5工业废水排放达标率(%)	0.0246
		C_6综合治理水土流失面积(平方公里)	0.0176
		C_7工业废水中COD排放量(吨)	0.0162
		C_8工业废水中氨氮排放量(吨)	0.0186
		C_9城镇公共以及生态环境用水比例(%)	0.0157
	经济效率B_2	C_{10}供水量(亿立方米)	0.0294
		C_{11}生产总值增长率(%)	0.0174
		C_{12}万元GDP耗水量(立方米/万元)	0.0380
		C_{13}第三产业产值增长率(%)	0.0134
		C_{14}工业用水比例(%)	0.0804
		C_{15}农业用水比例(%)	0.0522
		C_{16}农林牧渔业增加值增长率(%)	0.0301
	社会效率B_3	C_{17}新增城镇就业量(万人)	0.0172

续表 8-9

目标层	维度层	指标层	权重
		C_{18}居民消费价格指数(%)	0.0159
		C_{19}人均用水量(立方米/年)	0.0426
		C_{20}生活用水比例(%)	0.0489
		C_{21}有效灌溉面积(千公顷)	0.1057
		C_{22}自来水普及村的比例(%)	0.0489
		C_{23}城镇居民人均可支配收入(元)	0.1043
		C_{24}农村居民人均纯收入(元)	0.1064
		C_{25}教育支出比例(%)	0.0179
	文化效率 B_4	C_{26}文化体育与传媒支出比例(%)	0.0358
		C_{27}科学技术支出比例(%)	0.0358

对层次总排序进行一致性检验，测得 $CR=0.0485<0.1$，层次总排序通过一致性检验。

$$CI = \sum_{i=1}^{n} a_i CI_i$$

$$RI = \sum_{i=1}^{n} a_i RI_i$$

$$CR = \frac{CI}{RI}$$

参考《广东省实行最严格水资源管理制度考核办法》，广东省东江流域生态补偿管理制度要求由广东省政府、广东省水利厅、广东省生态环境厅和东江流域管理局等单位合作制定，并下发到东江流域各级政府，各级政府应该按制定的管理制度进行本行政区的生态补偿实践与管理。基于此，对于生态补偿方案的绩效评价的施行，需要广东省东江流域管理局与各级政府共同协作。具体实施方法为：水利厅、东江流域管理局同有关单位组成东江流域实行生态补偿管理制度考核工作组，负责具体组织实施对各地级市以上的具体指标进行统计和核查，并通过SPSS软件计算出各行政区的生态补偿绩效得分，形成年度或期末考核报告；当绩效评价结果低于以前年度时，就需要对生态补偿路径作出适当调整。

生态补偿绩效评价通过对补偿项目进行科学、客观地评估，反映了项目的实施效果，发挥了补偿后评价的监督和反馈功能，利于找到制定生态补偿政策的有效路径，保证了生态补偿过程的完整性和可持续性。因此，政府对生态补偿项目进行绩效评价是有必要的。

9 基于水权交易的广东省
东江流域生态补偿市场体系建设

水权交易作为一种市场化的流域生态补偿方式，必须依托政府主导的水权交易市场进行水资源的市场配置，进而达到流域生态补偿的目的。因此，建设水权交易市场体系是构建广东省东江流域水权交易机制的重要环节。

9.1 市场体系建设的原则——公平和公开

公平和公开是水权市场体系建设的基本原则，其中，公平原则是指水权交易主体在水权交易过程中应享有平等或对等的权利，履行相同或相近的义务，主要包括以下两点：第一，公平地对待水权交易主体，在水资源的配置或水资源使用权的流转过程中，其权利和义务基本相同；第二，交易价格的公平，即制定交易价格时应该对需求者一视同仁。公开原则是指水权交易市场要实现其信息的透明公开化，通过信息披露使参与者能够及时、完整、准确地了解到市场信息，满足交易者对相关信息的需求。

水权交易的公平、公开直接影响水权制度效率，公平与公开原则的建立是形成合理水权交易秩序的一个基本要求，也是使水权交易各方主体获得合法经济利益的必要基础和前提条件。

9.2 我国水权交易市场现状

2014年7月，水利部印发《水利部关于开展水权试点工作的通知》，明确在宁夏、江西、湖北、内蒙古、河南、甘肃、广东等7个省份分别开展水权确权和交易试点。试点省份按照试点方案明确的工作任务积极推进相关工作，取得了显著成效，积累了可贵的工作经验。在水权确权方面，依法需要办理取水许可证的取用水户应严格核定取水许可水量进行确权；依法不需要办理取水许可证的取用水户通过发放水权证进行确权。在交易方面，此次水权交易试点达成了多单交易意向。其中，石羊河流域开展农户间水权交易208起，交易水量595万 m³；新密市与平顶山市首宗区域水权交易在国家交易平台成交。

水权交易试点的第一项内容为水资源使用权确权登记，这是水权交易流转的前提，也在很大程度上关系到水权交易的成败。在7个试点中，宁夏、江西和湖北三省区试点的主要内容即水资源使用权确权登记，但侧重和要求各有不同。

试点的第二项内容为开展水权流转，因地制宜探索地区间、流域间、流域上下游、行业间、用水户间等多种形式的水权流转方式，积极培育水市场，建立健全水权交易平台。在7个试点中，内蒙古、河南、甘肃和广东4个省区开展水权交易，具体内容见表9-1。

表9-1　各省份水权试点内容

省份	具体安排
宁夏	按照区域用水总量控制指标，开展引黄灌区农业用水以及当地地表水、地下水等的用水指标分解，在用水指标分解的基础上探索采取多种形式确权登记，建立确权登记数据库。
江西	对条件相对成熟的市县，分类推进取用水户水资源使用确权登记；对已发证的取水许可进行规范，对取水用户进行水资源使用权确权登记，结合小型水利工程确权、农村土地确权等相关工作，多种形式和途径对取用水户进行水权登记；对农村集体经济组织的水塘和修建管理的水库中的水资源使用权进行确权登记。
湖北	在宜都市开展农村集体经济组织的水塘和修建管理的水库中的水资源使用权确权登记。摸底调查农村集体经济的水塘和修建管理的水库中水资源量以及水资源开发利用现状，对已经完成农村小型水利设施产权改革的水库、水塘等，进行水资源使用权确权登记。
河南	重点开展河南省内处于不同流域的地市间水量交易，包括年度水量交易，以及一定期限内的水量交易。
内蒙古	重点开展工农业间的交易，用水企业投资建设农业节水改造工程，而灌区节约下来的部分水量则可以通过水权收储转让中心以一定的价格流转给投资的企业，并以此为基础探索盟市间的水权转让方式。

省份	具体安排
甘肃	以黑河、疏勒河为单元,统筹考虑疏勒河流域上下游和生态用水需求,开展灌区内农户间、农民用水户协会间、农业与工业间等不同形式的水权交易。
广东	以已有的广东省产权交易集团为依托,组建国家级水权交易平台,合理制定水权交易规则和流程,重点引导鼓励东江流域开展流域上下游水权交易,制定交易规则与流程,搭建资格核查、账户注册、交易形成、价格确定、金额结算、信息公开和争议调解等水权交易信息化管理体系,建立水权交易监管体系和维护水权交易市场秩序等相关国家试点建设工作。

试点的第三项内容为水权制度建设。水利部要求试点地区出台水资源使用权确权登记、水权交易流转等方面的制度办法,明确水资源使用权确权登记的方式方法、规则和流程,建立水权交易流转的价格形成机制、交易程序和规则,明确确权登记与交易流转的监控主体、对象与监管内容等,保障水权工作有序运行。

水权改革是落实节水优先方针、破解水资源瓶颈问题的重大举措。中国水资源时空分布不均,不少地方用水量已接近甚至超过用水总量控制上限。当前中国用水效率总体不高,特别是农业灌溉用水方式较粗放。建立健全水权制度,明确取用水户对节约出来的水资源的收益权可以节约出大量宝贵的水资源,通过水权交易满足新增合理用水需求,有效缓解一些地区的水资源瓶颈问题。各地在水权确权的基础上,培育水权交易市场、创新水资源配置管理,不断深化水权改革。

经过多年积极探索,全国 7 个水权试点初步形成了流域间、流域上下游、区域间、行业间和用水户间等多种水权交易模式。各试点地区采取用水户直接交易、政府回购再次投放市场等方式,积极探索开展了跨区域、跨流域、跨行业的水权交易,为全国水权改革提供了可复制、可推广的水权交易经验。

广东省紧紧围绕《广东省水权试点方案》确定的五大主要任务进行周密部署,通过三年的不懈努力,各项工作基本圆满完成。主要包括:

(1)初步构建水权确权机制

《广东省水权交易管理试行办法》明确了广东省水权交易分为取水单位之间转让取水权和县级以上人民政府之间转让用水总量控制指标两种类型,水权确权对象主要为区域水权和取水权。目前广东省已经按照流域水量分配方案和行政区用水总量双控制的原则,确定了流域和行政区的水资源使用权,完成了区域水权确权。

（2）完成区域间水权交易

试点期间，广东省完成了东江上游惠州市和下游广州市行政区之间的水权交易，启动了东江上游河源市和下游广州市行政区间的水权交易，探索省级储备水权向东江流域内深圳和东莞市有偿配置试点。目前，广东省顺利完成了纳入试点方案的潜在项目交易，既解决了东江下游水资源供需矛盾突出地区的工业企业新增用水需求，保障区域经济社会可持续发展；又实现了水资源优化配置的目的，拓宽了上游地区农业节水改造资金投融资模式，提高了节水内在动力和水资源利用效率，实现水资源市场优化再配置的目的，开拓了东江流域"节水优先、空间均衡、系统治理、两手发力"的新格局。

（3）建立适应市场需求的水权交易规则和流程

广东省根据《广东省水权试点方案》要求，以广东省产权交易集团为依托，制定了水权交易规则和流程，开展了水权交易政策宣传贯彻和市场培训，引导和鼓励区域和取水户积极参与水权交易并组织开展了规范、有序的水权交易活动。

（4）建立水权交易信息化管理体系

广东省根据《广东省水权试点方案》要求，以水资源监控能力建设项目为依托，加快有交易需求的农业灌区计量监控建设，建立了水权交易监控系统和水权交易信息化管理系统，实现了交易双方取水量的在线监控，为水权交易提供监管保障。

（5）建立水权交易制度保障体系

根据《广东省水权试点方案》要求，广东省建立了水权交易制度保障体系，包括建立水权交易法规体系、水权交易监督管理体系和水权交易论证技术体系，有效保障了水权交易的正常运行。

9.3　广东省东江流域水权交易市场建设

水权交易市场是水资源使用权在不同主体之间进行有偿转让的场所、领域和经济关系的总和。交易主客体、交易平台和交易规则是交易市场的基本构成要素。各个要素之间的相互联系和相互影响，推动了交易市场的形成，决定了交易市场的运行方式。培育水权交易市场是加快推进水权交易的重要抓手。

构建完善的水权交易市场体系是实现基于水权交易的东江流域生态补偿的关键性一步。建立水权交易市场制度需要明确水权交易主客体、制订水权交易规则、搭建水权交易平台等。基于目前广东省水权交易工作基础,基于水权交易的流域生态补偿市场体系的培育应包括完善水权交易的前提和构建水权交易市场的补充和保障两部分。

9.3.1 水权交易的前提

结合国内外水权交易实践可以发现,水权制度的选择与当地的实际情况紧密相关。交易市场的自然演进与政府的合理推动相互结合形成了现有的水权制度。水权制度的变迁需要尊重历史习惯,并结合当地地理、气候等实际条件,因此水权制度的地域色彩较浓,要依据各地区水资源状况、水资源管理目的及现实需要为依据来制定。广东省东江流域涉及的市、县较多,情况复杂,且水资源分布不均匀,因此需要按照水资源区域性特征建立适合东江实际情况的水权交易制度。

9.3.2 水权交易市场的补充与保障

(1)重视环境生态用水

随着环境问题的日益突出,人们逐渐认识到生态保护的重要性,在水权制度设计中也开始保留生态用水的份额。基于东江流域生态保护的需求,应将"环境"作为合法的"用水户"。广东省东江流域在水分配过程中,每个行政区经评估确定所需的环境生态用水量,在环境生态用水得到保证的前提下,再确定可供其他用途的水量。消耗性用水要以保证生态可持续发展为前提,并且只有在环境用水与其他用水之间的分配关系确定后,才能引入水权交易。

(2)加强水资源的优化配置

由于水权转让涉及各种利益,为了协调和处理水权转让各方的关系、利益和矛盾,促进水资源的优化配置,综合实现水资源的经济效益、社会效益和生态环境效益,广东省东江流域必须因时制宜、因地制宜地贯彻优化原则。首先,应建立健全水资源监测与评估的标准、方法和机构,加强对用水的监督管理;其次,规范水权登记制度,制定并实施有关法律、政策,引导和促进水资源优化配置;第三,进一步明确可转让水权的范围限定,设立需保护水权的分级监控目录;第四,需进一步细化水权交易规则、交易机构和交易方式,规定各类水权的交易额度和交易程序;第五,完善有关政府监管水权交易的法律或法规,明确规定政府监管的范畴和程序，同时还需设立必要的行政救济手段。

（3）水权交易合约化

水权交易合约的内容一般包括：交易单位、成交价格、交易时间、交易日内价格波动限度、最后交易日、交割方式、合约到期日、交割地点等。这种合约是一个标准化的合约，除了水权交易的成交价格是买卖双方协定的以外，水资源商品的水量、水质、成交方式、结算方式、对冲及交货期等都应在水权交易合约中有严格规定，而且一切都要以服从法律、法规为前提。在进行合约化的水权交易时，要预付一定数量的保证金，用于交易双方不能如期履约的情况下，交易中心清算部门对受损方给予保障和补偿，这样可以实现对水权交易市场的风险管理，确保水权交易市场的正常运行。

9.4　各级政府职能定位

基于水权交易的广东省东江流域生态补偿涉及的政府和部门主要包括广东省政府、各行政市（区）政府以及流域管理机构、地方水行政主管部门、水利水务厅（局）等部门，不同政府部门在水权交易市场体系中扮演不同的角色。

9.4.1　广东省政府的职能定位

（1）水权市场政策的制定者

流域在规划建设水权市场时，政府应统筹规划，制定水权市场政策，指导水权市场实践。广东省政府应参考国家层面颁布的有关文件，结合东江流域的现状进行规划，对水权市场建设进行指导。水权政策的制定对于规范水权转让行为，推进水权市场建设，促进水资源的可持续利用有积极意义。

（2）水权交易的监管者

广东省政府是东江流域水权交易的主要监管者，承担着审查交易主客体资格、监管交易流程、监督钱款支付等职责。引入水权交易机制后，水权指标能够转化为取水单位的经济利益，因此取水单位存在着超取和出售非超额水权的动机。如果缺乏有效地监管机制和惩罚措施，水权交易制度的正常运行将受到严重影响。广东省政府相关部门应该完善水权监管体系，健全工作制度，常规监管与抽查监管相结合，明确取水单位自觉性检测的责任。同时也应加强与交易平台的合作，监督水权交易双方履行责任，督促交易合同的正常完成。另外，由于水权交易能够给单位带来额外的超取利益，因此违规处罚必须要严格执行，同时也需防范由于水权交易而导致的贪污腐败问题。

（3）水权交易的技术支持者

水权交易制度的顺利实施需要环境监测技术的保障。监管部门需要及时准确地掌握区域内各企业的数据，精准测度水权指标，合理拟定补偿标准，科学指导水权价格。同时，各级交易平台都应该建立水权交易管理的信息系统，利用网络平台透明度高、信息成本低和信息传播快的特点，及时提供水权交易信息，增强水权交易市场的流动性。实施水权交易制度的最终目的是改善环境质量，因此，加大对水权交易技术的研究投入，提高取水单位对节水技术创新的积极性，也是水权交易制度顺利实施的保证。

9.4.2 地方政府的职能定位

根据地方政府在水权交易中的所承担的角色，其主要权力与职能包括以下几个方面：

（1）对流域水环境状况的实时监测权，实时监测水环境状况和水污染情况；

（2）流域内水资源总量目标的确定权；

（3）控制区域内初始水权的分配权；

（4）水权交易平台的维护者和交易信息的发布者；

（5）水权市场交易的全程监督权和管理权；

（6）水权回购和收回权，即在初始水权分配中保留一小部分水权，并在适当的时期作为交易主体收购或卖出水权，以达到宏观调控的目的。

9.4.3 流域管理机构、水利水务厅（局）、地方水行政主管部门的职能定位

除上述职能之外，参照《广东省东江流域水资源分配方案》对水利厅、东江流域管理局和流域内各地级以上市在东江流域水资源管理中划分的事权和职责，明确各单位的职能，根据水权所在地的不同行政层级由相应层级部门承担审批和管理工作。

总体而言，流域管理机构、地方水行政主管部门、水利水务厅（局）要起到引导和监管作用，定期发布相关消息和交易价格，并对交易双方的后期执行情况进行监督，以免发生水权的超额使用。省水利厅负责水权统一的管理与调度的宏观指导和协调；东江流域管理局负责水权的管理和调度，监督流域水权

分配的实施情况；流域内各地级以上市人民政府负责其行政区域内的水权的交易与管理。

东江流域管理局和地方水行政主管部门的水权管理职能并不是割裂的，而应依托长期实行的区域行政管理水资源管理体制，形成地方水行政主管部门上下级间的领导与被领导关系，构建东江流域管理局和地方水行政主管部门的业务指导关系相互交叉的网络结构。

9.5　水权交易平台职能定位

广东省目前已有较为完善的交易平台，能够收集、储存和发布公共资源信息；为交易提供场所、设施、信息和现场服务；见证省级公共资源进场交易全过程，维护交易秩序；为省级公共资源进场交易行政监督工作提供监管平台。基于水权交易的需求，参考土地使用权和矿业权出让，可进一步开辟单独的水权交易平台，为东江流域水权交易提供服务。

9.5.1　水权交易平台的主要职能

水权交易平台是政府环境管理机构披露企业交易信息，促进水权交易实现，对水权交易进行管理和监管的机构，具有市场指导、管理和监督的职能，具体包括以下四个方面：

（1）对水权交易主体进行注册登记管理。参与水权交易的主体，必须通过交易平台监管部门进行认证，经确认符合标准后才能开通水权交易账户。这样做有利于规范水权主体的交易行为，促进市场健康发展。

（2）审核水权交易。作为管理水权交易的重要措施，水权交易中心对水权出让与申购进行审核，只有通过审核后，才能够发布相关信息，进行交易。

（3）设置水权交易流程，规范交易行为。作为水权交易的组织平台，交易中心通过设定交易规则和程序，维护市场交易秩序。

（4）对水权进行回购和收回。对不再符合水权交易准入制度的主体，交易平台可以将其拥有的水权进行回购或收回，提高水权指标的利用效率。

9.5.2　广东省东江流域水权交易平台

公共资源交易平台与市场经济密切相连。交易平台能够及时更新交易信息，建成完备的网络交易服务系统，对参与市场竞争的各主体进行电子化注册登记，实现区域性信息互联互通。基于广东省水权交易平台建设现状，广东省东江流域可依托广东省人民政府指定的交易平台进行水权交易，例如广东省公共资源交易中心。交易主客体通过注册成为网络交易会员，利用网络发布将要出售或者需要购买的水权交易量，通过甄别供需，可以大大减少信息不对称带来的交易障碍，同时也降低了交易成本。

10　基于水权交易的广东省东江流域生态补偿监管体系建设

10.1　水权交易监管体系建设

水权交易市场的有效监管是水资源高效和可持续利用的必然要求，这需要我们建立完善的水权交易市场监督管理制度。新《水法》在总则中规定："国家对水资源实行流域管理与行政区域管理相结合的管理体制；县级以上地方人民政府水行政主管部门按照规定的权限，负责本行政区域内水资源的统一管理和监督工作。"该法条为我国实施水权交易市场监督管理提供了法律依据。但水资源不是普通商品，人类生存离不开水资源，所以无法像普通商品交易直接监管。因此，水资源在开发、保护、利用和节约过程中，不仅要满足经济发展，还要兼顾社会公共利益，实现有效监督管理是水权交易制度构建的重要环节。目前，我国市场经济体制不尽完善，价值规律不能充分发挥作用，水资源的稀缺性无法通过价格有效体现。同时由于水资源监督管理程度较低，水资源的经济效益不能实现最大化。水权监管的必要性主要从以下三个层面体现：

（1）在国家层面，水行政主管部门负责全国水权的统一管理和监督，对水资源统一监管，加强对水资源开发利用的宏观管理、权属管理和市场监管，加强对区域供水、用水、节水等的指导与监管工作，通过制定相关政策对全国水权交易进行规划指导和监督完善。通过相关法律法规赋予水行政主管部门在水权交易过程中的执法权，可以对水权交易的主体客体等进行监督检查，作为水权交易执法部门，严肃查处威胁水权交易的对象，为维护水权交易公平公正提供必要保证。

（2）在流域层面，作为水权管理组成部分的流域管理还存在一些与水权管理要求不相适应的地方，如事权划分与监管体制不完善等。所以，要积极建立政府主导下的民主协商、利益相关者参与的流域管理体制，改革和完善现行流域管理机构，调动地方政府的积极性，健全流域管理的监督机构，鼓励成立中立的社会组织，在流域水资源交易时全过程参与，发挥社会监督作用。

（3）在区域层面，区域水行政主管部门的监管主要以省（自治区、直辖市）、地级市、县（市）为主。全国各地方政府都要严格按照水权交易法规对水权交易进行监管，如水权交易量是否属实、水权交易价格是否大体反映其价值、水权交易双方地位是否相对平等、交易是否公平。如果存在以上问题，应及时向水行政主管部门反映，以便政府行政管理部门及时处理，遏制这些违法行为发生。

10.2　广东省东江流域生态补偿监管体系完善

10.2.1　现有法律制度梳理

（1）生态补偿法律梳理

我国生态补偿法律研究起步较晚，从上世纪90年代至今，经历了从无到有，从模糊到相对明确的过程。生态补偿研究初期并没有相关的法律规定，只是在一些政府文件中被提及。后来由于自然资源的稀缺性与需求的不断扩大之间矛盾和环境问题的日益凸显，我国对于生态补偿制度越来越看重。现有的关于广东省东江流域的生态补偿相关立法及政策包括基本法律、国务院法规、地方性法规政策和部门规章等（见表10-1）。

表10-1　生态补偿相关法律法规汇总

序号	文件名称	颁布部门	颁布时间	类型
1	《中华人民共和国环境保护法》	全国人大常委会	2014	法律
2	《全国生态环境建设规划》	国务院	1998	行政法规
3	《生态环境保护纲要》	国务院	2000	行政法规
4	《关于开展生态补偿试点工作的指导意见》	国家环境保护总局	2007	行政法规
5	《生态补偿条例》	国务院	2010	行政法规

续表 10-1

序号	文件名称	颁布部门	颁布时间	类型
6	《关于加快推进生态文明建设的意见》	国务院	2015	行政法规
7	《关于健全生态保护补偿机制的意见》	国务院	2016	行政法规
8	《关于加快推进水生态文明建设工作的意见》	水利部	2013	规范性文件
9	《关于加快建立流域上下游横向生态保护补偿机制的指导意见》	财政部、环境保护部、发展改革委、水利部	2016	规范性文件
10	《广东省东江水系水质保护条例》	广东省人大常委会	2002	地方性法规
11	《广东省饮用水源水质保护条例》	广东省人大常委会	2010	地方性法规
12	《广东省东江水系水质保护经费使用管理办法》	广东省人民政府	1993	地方性规章
13	《广东省生态公益林建设管理和效益补偿办法》	广东省人民政府	1998	地方性规章
14	《广东省人民政府办公厅关于健全生态保护补偿机制的实施意见》	广东省人民政府	2016	地方性规章
15	《东江源生态环境补偿机制实施方案》	广东省、江西省	2005	政策
16	《粤赣东江流域防洪安全和水资源保障合作框架协议》	广东省水利厅、江西省水利厅	2013	政策

通过梳理可以发现，我国生态补偿相关法律具有如下特点：

第一，《关于健全生态保护补偿机制的意见》（以下简称《意见》）是生态保护补偿的顶层制度设计，是指导重点领域补偿、重要区域补偿和地区间补偿的指导性文件。《意见》包括了"责权统一、合理补偿"在内的4条原则，覆盖所有重要领域，突破跨区域、跨流域生态补偿难题，建立相对全面的生态保护补偿体系。《意见》明晰生态补偿参与者在生态补偿活动中的权利义务，实现良性互动，加快形成合理补偿运行机制。

第二，从形式来看，流域生态补偿的制度保障主要是由国务院及其主管部门制定的行政法规及规范性文件和地方政府制定的规章；从内容上看，文件涉及探索流域生态补偿途径、跨流域实践、建立生态补偿试点、建立上下游生态补偿机制等方面，但是其中流域生态补偿的义务主体很少提及个人、企业，绝大多数规定了地方政府；从时间上看，文件发布主要集中在2007年之后，呈现逐年递增趋势。

第三，由于生态补偿牵涉部门多、影响范围广、起草难度大，我国仍然没有一部专门的法律对生态补偿制度进行规定。但生态补偿立法工作有了一定的进展，2016年4月国务院发布的《关于健全生态保护补偿机制的意见》明确了《生态补偿条例》基本框架，包括指导思想、基本原则、保障措施和配套制度等内容。

第四，生态补偿由政府、市场双向推动，但当前主要依靠政府主导。政府补偿方式包括四种：财政补贴、政策优惠、项目支持及税费改革。但由于政府财政压力大，流域生态补偿金来源窄，需要市场补偿方式给予减负，未来应在利益明晰、各方协调一致的情况下发挥市场补偿的作用。

（2）水权交易法律法规梳理

为构建良好的水权交易监管体系，对现有水权交易的相关法律法规进行梳理是非常必要的。我国现有的关于水权交易的立法文件主要包括法律、行政法规、部门规章和规范性文件（见表10-2）。通过梳理发现，我国水权交易法律制度主要可以分成以下几类：

第一，以水资源为出发点，明确其衍生权利，一般包括水资源的归属问题以及在实践操作中的具体规定。目前我国对此方面进行规定的法律主要有《宪法》和《水法》两部法律。在《宪法》中，水资源作为一种国家资源，其所有权归属于国家，对水资源的具体安排由国务院行使；而《水法》则是在宪法的指导下，对实践中水权交易的具体规则进行了制定，包括界定水权的有关概念，明确水权的范围和我国水权管理的行政机关。该法的颁布为水权交易提供实践保障，为后续水权制度的发展打下了良好的基础。

第二，以保护水资源和水环境为目的而对用水户浪费水资源的行为进行处罚的制度，包括现金处罚和对用水户的行政处罚。处罚的出发点是控制用水户的浪费行为，用水户一旦出现浪费水资源的行为，就必须为这种行为买单。国家相关部门对这种处罚制度的处罚方式、处罚力度等制定了严格的标准，这种制度培养了用水户保护水资源和水环境的意识，抑制了浪费水资源的行为。

表10-2　水权交易相关法律法规汇总

序号	文件名称	颁布部门	颁布时间	类型
1	《中华人民共和国宪法》	全国人大常委会	1982	法律
2	《中华人民共和国水法》	全国人大常委会	1988	法律
3	《取水许可和水资源费征收管理条例》	国务院	2006	行政法规
4	《中共中央、国务院关于加快水利改革发展的决定》	国务院	2010	行政法规
5	《国务院关于实行最严格水资源管理制度的意见》	国务院	2012	行政法规
6	《中华人民共和国河道管理条例》	国务院	1988	行政法规
7	《水量分配暂行办法》	水利部	2007	规章
8	《取水许可管理办法》	水利部	2008	规章
9	《水权交易管理暂行办法》	水利部	2016	规范性文件
10	《关于水资源有偿使用制度改革的意见》	水利部、国家发改委、财政部	2018	规范性文件
11	《关于水权转让的若干意见》	水利部	2005	规范性文件
12	《关于加强水资源用途管制的指导意见》	水利部	2016	规范性文件
13	《关于深化水利改革的指导意见》	水利部	2014	规范性文件
14	《广东省实施〈中华人民共和国水法〉办法》	广东省人大常委会	1991	地方性法规
15	《广东省东江西江北江韩江流域水资源管理条例》	广东省人大常委会	2008	地方性法规
16	《广东省水权交易管理试行办法》	广东省人民政府	2016	地方性规章
17	《广东省东江水量调度管理办法》	广东省人民政府	2015	地方性规章
18	《广东省实行最严格水资源管理制度考核办法》	广东省人民政府	2016	地方性规章
19	《广东省节约用水办法》	广东省人民政府	2017	地方性规章

10.2.2　基于水权交易的广东省东江流域生态补偿监管体系的完善

构建完善的监管体系是基于水权交易的生态补偿的有力保证。《广东省水权交易管理试行办法》提出要加强水权交易的监督管理，组织开展水权交易后评估，依法公开水权交易的有关情况，并对人民政府水行政主管部门或者其他有关部门的工作人员的违规违法行为做出了惩处规定。广东省东江流域生态补偿监管体系要进一步从界定监管范围、明确监管原则和完善法律体系三个方面进行完善。

（1）界定监管范围

水权交易市场的监管首先要对监管对象进行界定，主要包括水权分配与水权交易市场管理。

对水权分配而言，目前《水量分配暂行办法》第二条第一款对水量分配做出了概念界定，然而其仅仅对分配方案的制定依据等做出原则性规定，实际操作仍然缺乏依据，凡涉及各级政府对水资源的分配，不论是政府与政府还是政府与企业等，在政府本身不作为市场交易主体出现的情况下，都应该归属于水权的分配。

对水权交易市场管理而言，目前水权交易市场管理主要是针对水权交易过程中政府机关或者交易主体自发组成的交易管理组织对交易程序进行协调促进的过程。因此，对水权交易市场管理应该在保障交易合法高效进行的基础上进行分析。同时资源管理的规则需要反映社会文化的多样性以及当前我国独特的社会因素，并通过正式的法律法规或者规范性文件加以明确。

（2）明确监管原则

广东省东江流域建立的水权交易监督构架应包括政府行政监管、行业协会监管和社会公众监督三个层次。相应地确立相互配合、相互制约的水权转让水行政监管机构、协会组织和社会公众三大主体，同时各主体之间应注重各工作的协调，明确各部门职能与监管权限，避免职权交叉，造成水权交易的混乱与低效。

按照"安全的水权"原则，加强市场监管。水权市场中，要确保交易的水资源清洁、安全、可靠，必须对上游水资源供应主体进行严格监管：一是制定上市交易的水资源各类用途（如饮用、灌溉等）水质标准和低于标准的处罚方法，做到有法可依；二是在流域上下游和各类供水口安装自动监测设备，定时测定流域断面水质和用水情况并自动将数据传送到监管部门，做到执法有据——如果流域上游的水质低于标准，则按规定进行处罚，从而促进上游地区治理好水生态；如果流域下游超水权用水，除补足相应的水权外，还应给予一定处罚。此外，还要监管市场主体以防过度投机行为，保障市场公正、公开、透明，否则会扭曲市场机制，降低市场配置水资源的效率。

（3）完善法律体系

建立健全的水权交易制度，需要进一步明确水权转让条件、审批程序、权益和责任转移以及水权转让与其他市场行为关系。水权制度建设的目标应当是建立与具体现实条件相适应的水权制度体系，服务水资源优化配置和经济社会发展。广东省应根据东江流域水权交易实践需要，由广东省政府、东江流域管理局等相关部门编制具体实施方案；广东省可结合相关取水许可规定编写《东江流域水权交易实施方案》，对广东省东江流域水权交易管理机构设置以及交易规则、程序等加以具体化。

11　研究结论及建议

本研究基于广东省东江流域水资源环境及生态补偿现状，通过梳理国内外流域生态补偿实践，结合广东省水权交易工作基础，构建基于水权交易的广东省东江流域生态补偿机制，得出以下研究结论和建议。

11.1　研究结论

基于国内外生态补偿实践与广东省东江流域的现状，本研究遵循国家所有权、明晰使用权、可持续利用、公平效率结合等原则，对广东省东江流域生态补偿机制构建得出以下结论：

（1）分析现状，确定问题。本研究结合东江流域自然地理概况、社会经济发展概况，梳理了广东省东江流域水资源开发利用现状和生态补偿现状，采用生态系统服务价值测算评估了广东省东江流域生态系统协调模式，得出结论：广东省东江流域水资源及生态补偿目前仍面临许多问题，需进一步优化与完善。

（2）明确广东省东江流域生态补偿的方式。本研究通过理论研究和国内外实践分析的双重研究，对现行的生态补偿方式进行了梳理，在广东省已有实践的基础上，确定水权交易作为广东省东江流域生态补偿的方式。

（3）界定东江流域水权交易的主客体。本研究主要针对广东省东江流域流经范围内的地级市，并将水权交易过程中水权的出让和受让作为划分主客体的依据，即水权有节余的地区作为水权的提供方和水权交易的主体，而水权短缺的地区为水权的需求方和水权交易的客体。

（4）探索基于水权交易的广东省东江流域生态补偿的途径和标准。本研究通过对比不同的流域生态补偿途径的优劣，结合广东省东江流域作为水权交易试点的现实基础，构建了广东省东江流域依托政府交易平台，制定了采用协议定价或招拍挂的形式面向市场进行水权交易的流程，并提出了补偿标准确定的方案。

（5）提出广东省东江流域生态补偿方案实施绩效的评价体系。本研究以层次分析法为指导，确定了生态补偿的影响因素，用专家打分法测算出不同指标的权重，构建了完善的绩效评价模型，为东江流域生态补偿方案实施的绩效评价提供测算方法。

（6）要求进一步完善水权交易市场体系。本研究提出水权交易市场体系建设要以公平公开为原则，以交易主体、交易客体、水权交易规则和水权交易平台为要素。为保障水权交易市场的顺利进行，本研究在明确水权交易主客体、制订水权交易规则、搭建水权交易平台的基础上，确立了各级政府及部门在水权交易市场体系中的职能定位。

（7）提出需进一步完善水权交易的监管体系建设。水权交易监管体系建设是一个循序渐进的过程，政府应发挥好带头作用，从立法上给用水者以支持，不断完善监管体系，让水权交易过程越来越规范。

11.2　建　议

广东省东江流域基于水权交易的生态补偿机制的试点，强化了上下游一体化保护和发展，更重要的是通过机制的作用，有效地防止先污染后治理的老路，达到未病先治的效果。基于此，本研究对广东省东江流域的生态补偿建设提出以下几个方面的建议。

（1）加强基于水权交易的生态补偿机制建设

本研究选取水权交易作为广东省东江流域生态补偿的方式，提出了基于水权交易的广东省东江流域生态补偿的主客体、补偿途径和补偿标准。广东省东江流域作为生态补偿和水权交易的试点，已有一定的生态补偿和水权交易的实践经验，但应进一步将生态补偿和水权交易有机结合起来，明确交易主客体、优化水权初始分配、确定补偿途径、完善补偿标准，加强构建政府手段与市场手段并行的生态补偿机制。

（2）完善生态补偿绩效评价机制

生态补偿绩效评价是对流域生态补偿效果的多层次、多方位的检验，构建科学合理的绩效评价机制能评估出广东省东江流域各市、区的生态补偿项目的施行效果。广东省东江流域在现有绩效评价的基础上，应进一步考虑基于水权交易的生态补偿指标，完善生态补偿绩效评价机制，指导各市、区政府生态补偿项目的顺利实施。

（3）完善水权交易市场体系

完善水权交易市场体系要充分发挥市场的调节作用，引入水权市场交易机制，保障区域间的协调共生，维护东江流域生态系统的健康发展。首先，统一进行水权初始分配；其次，建立健全水权交易平台，水权交易的主客体通过协商定价或"招拍挂"方式进行水权交易，使得水权最终分配给最需要的主体。初次分配与二级水权交易相辅相成，形成层次鲜明的广东省东江流域水权交易体系。

（4）完善水权交易相关法规，加强水权交易市场监管

基于市场的自身缺陷以及水资源的特殊性，水权交易过程中难免会发生一些损害第三方利益的不法行为。因此，广东省东江流域应在国家和广东省发布的水权交易管理办法的基础上，发布适合于东江流域现状的法律法规，完善东江流域水权交易的法律体系。同时，为了确保水权分配模式的顺利实施，必须建立有效的监督机制，明确各级监管部门的监督职责，严格监督程序，严肃监督纪律。

（5）加强水权交易人才队伍建设

科技和经济的竞争实际是人才的竞争，水资源配置方案的有效实施，同样需要高素质的人才队伍，为适应用水制度改革发展的需求，各级水权行政主管部门要加快职工岗位培训，加强在职人员的教育和新技术培训，提高管理人员的业务素质和技术水平，依法行政，依法管水，加强法规建设，为水资源配置提供强有力的人才保障。

（6）鼓励公众参与，加大宣传力度

生态补偿涉及众多的利益主体，在某种意义上说，生态补偿也是一种利益协调方式。在做出生态补偿具体决策之前，开展科学论证和听证，广泛听取各方的意见，保障公众的知情权、参与权、监督权、申诉权等权益，促进生态补偿措施的科学化、民主化，同时应进一步加强生态补偿的宣传，明示生态补偿的相关政策和措施。

参考文献

［1］A.C.庇古.福利经济学［M］.金镝，译.上海：华夏出版社，2017.

［2］C.V.布朗，P.M.杰克逊.公共部门经济学［M］.北京：中国人民大学出版社，2000.

［3］R·科斯，A·阿尔钦，D·诺斯.财产权利与制度变迁——产权学派与新制度学派文集［M］.刘守英，译.上海：格致出版社，2014.

［4］高鸿业.微观经济学原理［M］.北京：中国人民大学出版社，2012.

［5］斯韦托扎尔·平乔维奇.产权经济学：一种关于比较体制的理论［M］.蒋琳琦，译.北京：经济科学出版社，2000.

［6］谭崇台.发展经济学概论（第二版）［M］.湖北：武汉大学出版社，2008.

［7］阿兰·兰德尔.资源经济学：从经济角度对自然资源和环境政策的探讨［M］.施以正，译.北京：商务印书馆，1989.

［8］樊胜岳，王曲元，包海花.生态经济学原理与应用［M］.北京：中国社会科学出版社，2010.

［9］劳埃德·雷诺兹.微观经济学：分析和政策［M］.马宾，译.北京：商务印书馆，1982.

［10］马歇尔.经济学原理［M］.朱志泰，译.北京：商务印书馆，1965.

［11］保罗·萨缪尔森，威廉·诺德豪斯.经济学（第十九版）［M］.萧琛，译.北京：商务印书馆，2014.

［12］约瑟夫·E·斯蒂格利茨，卡尔·E·沃尔什.经济学［M］.黄险峰，张帆，译.北京：中国人民大学出版社，2010.

［13］沈满洪.水权交易与政府创新——以东阳义乌水权交易案为例［J］.管理世界，2005（06）：45-56.

［14］曹明德.论我国水资源有偿使用制度——我国水权和水权流转机制的理论探讨与实践评析［J］.中国法学，2004（01）：79-88.

［15］王金霞，黄季焜.国外水权交易的经验及对中国的启示［J］.农业技术经济，2002（05）：56-62.

［16］马晓强.水权与水权的界定——水资源利用的产权经济学分析［J］.北京行政学院学报，2002（01）：37-41.

［17］毛锋，曾香.生态补偿的机理与准则［J］.生态学报，2006（11）：3841-3846.

［18］毛显强，钟瑜，张胜.生态补偿的理论探讨［J］.中国人口·资源与环境，2002（04）：40-43.

［19］Voinov A，Costanza R，and Wainger L，et al. Patuxent landscape model：integrated ecological economic modeling of a watershed ［J］. Environmental Modelling & Software，1999，14（5）：473-491.

［20］李文华，刘某承.关于中国生态补偿机制建设的几点思考［J］.资源科学，2010，32（05）：791-796.

［21］蔡邦成，温林泉，陆根法.生态补偿机制建立的理论思考［J］.生态经济，2005（01）：47-50.

［22］葛颜祥，吴菲菲，王蓓蓓，梁丽娟.流域生态补偿：政府补偿与市场补偿比较与选择［J］.山东农业大学学报（社会科学版），2007（04）：48-53+125-126.

［23］张惠远，刘桂环.我国流域生态补偿机制设计［J］.环境保护，2006（19）：49-54.

［24］钱水苗，王怀章.论流域生态补偿的制度构建——从社会公正的视角［J］.中国地质大学学报（社会科学版），2005（05）：80-84.

［25］李丽，王心源，骆磊，冀欣阳，赵燕，赵颜创，Nabil Bachagha.生态系统服务价值评估方法综述［J］.生态学杂志，2018，37（04）：1233-1245.

［26］刘影，杜小龙，邹萌萌，张静静，李建龙.各类生态系统功能与生态服务价值定量评估的理论与方法研究进展［J］.天津农业科学，2017，23（11）：106-112.

［27］谢高地，张彩霞，张昌顺，肖玉，鲁春霞.中国生态系统服务的价值［J］.资源科学，2015，37（09）：1740-1746.

［28］Voinov A，Fitz C，Boumans R，et al. Modular ecosystem modeling ［J］.

Environmental Modelling & Software，2004，19（3）：285-304.

［29］赵军，杨凯.生态系统服务价值评估研究进展［J］.生态学报，2007（01）：346-356.

［30］赵军.生态系统服务的条件价值评估：理论、方法与应用［D］.华东师范大学，2005.

［31］韩祎，孙辉，唐亚.生态系统服务价值及其评估方法研究进展［J］.四川环境，2005（01）：20-26.

［32］安晓明.自然资源价值及其补偿问题研究［D］.吉林大学，2004.

［33］沈大军，梁瑞驹，王浩，蒋云钟.水资源价值［J］.水利学报，1998（05）：55-60.

［34］Portela R，Rademacher I. A dynamic model of patterns of deforestation and their effect on the ability of the Brazilian Amazonia to provide ecosystem services ［J］. Ecological Modelling，2001，143（1）：115-146.

［35］姜文来，王华东.我国水资源价值研究的现状与展望［J］.地理学与国土研究，1996（01）：1-5+16.

［36］刘丽.我国国家生态补偿机制研究［D］.青岛大学，2010.

［37］沈满洪，谢慧明.公共物品问题及其解决思路——公共物品理论文献综述［J］.浙江大学学报（人文社会科学版），2009，39（06）：133-144.

［38］涂晓芳.公共物品的多元化供给［J］.中国行政管理，2004（02）：88-93.

［39］李世涌，朱东恺，陈兆开.外部性理论及其内部化研究综述［J］.中国市场，2007（31）：117-119.

［40］徐桂华，杨定华.外部性理论的演变与发展［J］.社会科学，2004（03）：26-30.

［41］王冰，杨虎涛.论正外部性内在化的途径与绩效——庇古和科斯的正外部性内在化理论比较［J］.东南学术，2002（06）：158-165.

［42］向昀，任健.西方经济学界外部性理论研究介评［J］.经济评论，2002（03）：58-62.

［43］沈满洪，何灵巧.外部性的分类及外部性理论的演化［J］.浙江大学学报（人文社会科学版），2002（01）：152-160.

［44］吴易风.产权理论：马克思和科斯的比较［J］.中国社会科学，2007（02）：4-18+204.

［45］马广奇.制度变迁理论：评述与启示［J］.生产力研究，2005（07）：225-227+230-243.

［46］折晓叶，陈婴婴.产权怎样界定———一份集体产权私化的社会文本［J］.社会学研究，2005（04）：1-43+243.

［47］黄凯南.主观博弈论与制度内生演化［J］.经济研究，2010，45（04）：134-146.

［48］郭鹏，杨晓琴.博弈论与纳什均衡［J］.哈尔滨师范大学自然科学学报，2006（04）：25-28.

［49］李军林，李世银.制度、制度演进与博弈均衡［J］.教学与研究，2001（10）：44-50.

［50］李军林，郭亚玲.理性、均衡与演进博弈论基本经济理论———个关于博弈理论发展的评述［J］.南开经济研究，2000（04）：48-52.

［51］李龙熙.对可持续发展理论的诠释与解析［J］.行政与法（吉林省行政学院学报），2005（01）：3-7.

［52］王顺久，侯玉，张欣莉，丁晶.中国水资源优化配置研究的进展与展望［J］.水利发展研究，2002（09）：9-11.

［53］张志强，孙成权，程国栋，牛文元.可持续发展研究：进展与趋向［J］.地球科学进展，1999（06）：589-595.

［54］Christoff P. Ecological modernization，ecological modernities［J］.Environmental politics，1996，5（3）：476-500.

［55］Spaargaren G，Van Vliet B. Lifestyles，consumption and the environment：The ecological modernization of domestic consumption［J］.Environmental Politics，2000，9（1）：50-76.

［56］DAILY G C. Nature's Services：Societal Dependence on Natural Ecosystems［J］. Corporate Environmental Strategy，1997，6（2）：220—221.

［57］COSTANZA R，D'ARGE R，GROOT R D，et al. The Value of the World's Ecosystem Services and Natural Capital［J］. Nature，1997，387：253—260.

［58］欧阳志云，王如松，赵景柱. 生态系统服务功能及其生态经济价值评价［J］. 应用生态学报，1999，10（5）：635—640.

［59］LOOMIS J B，KENT P，STRANGE L，et al. Measuring the Total Economic Value of Restoring Ecosystem Services in an Impaired River Basin：Results

From a Contingent Valuation Survey [J]. Ecological Economics, 2000, 33 (1): 103—117.

[60] 刘玉龙，马俊杰，金学林，等. 生态系统服务功能价值评估方法综述 [J]. 中国人口·资源与环境，2005, 15 (1): 88—92.

[61] 杨欣，蔡银莺，张安录. 农田生态补偿理论研究进展评述 [J]. 生态与农村环境学报，2017, 33 (2): 104—113.

[62] 谢高地，鲁春霞，冷允法，等. 青藏高原生态资源的价值评估 [J]. 自然资源学报，2003, 18 (2): 189—196.

[63] 谢高地，甄霖，鲁春霞，等. 一个基于专家知识的生态系统服务价值化方法 [J]. 自然资源学报，2008, 23 (5): 911—919.

[64] COSTANZA R, GROOT R D, SUTTON P, et al. Changes in the Global Value of Ecosystem Services [J]. Global Environmental Change, 2014, 26: 152—158.

[65] WANG W J, GUO H C, CHUAI X W, et al. The Impact of Land Use Change on the Temporospatial Variations of Ecosystems Services Value in China and an Optimized Land Use Solution [J]. Environmental Science & Policy, 2014, 44: 62—72.

[66] 谢高地，张彩霞，张雷明，等. 基于单位面积价值当量因子的生态系统服务价值化方法改进 [J]. 自然资源学报，2015, 30 (8): 1243—1254.

[67] 刘青. 江河源区生态系统服务价值与生态补偿机制研究：以江西东江源区为例 [D]. 南昌：南昌大学，2007.

[68] 段锦，康慕谊，江源. 东江流域生态系统服务价值变化研究 [J]. 自然资源学报，2012, 27 (1): 90—103.

[69] 郑敏. 基于土地利用/覆被差异的生态补偿：以广东省为例 [D]. 广州：广州大学，2010.

[70] 崔树彬，李杰，严黎. 珠江水系东江流域上下游生态补偿机制 [J]. 水资源保护，2015, 31 (6): 27—31.

[71] 林家淮，欧书丹，刘良源. 东江源区森林涵养水源、固碳制氧价值估算 [J]. 江西科学，2009, 27 (2): 247—250.

[72] Mol A P J, Spaargaren G.Ecological modernization theory in debate: a review [J].Environmental politics, 2000, 9 (1): 17-49.

[73] Lundqvist L J.Capacity-building or social construction explaining Sweden'

s shift towards ecological modernisation ［J］. Geoforum，2000，31（1）：21-32.

［74］Baker S. Sustainable development as symbolic commitment：declaratory politics and the seductive appeal of ecological modernization in the European Union ［J］.Environmental Politics，2007，16（2）：297-317.

［75］刘学录，任继周.河西走廊山地-绿洲-荒漠复合系统耦合的景观生态学机制［J］.应用生态学报，2002，13（8）：979-984.

［76］张雷，沈叙建，杨荫凯，等.中国区域发展的资源环境协调问题［J］.地理科学进展，2004，23（6）：10-19.

［77］Ostrom E. Beyond markets and states：Polycentric governance of complex economic systems ［J］．2009.

［78］Ostrom E. Understanding institutional diversity ［M］. Princeton university press，2009.

［79］张晓东，池天河.基于区域资源环境容量的产业结构分析［J］.地理科学进展，2000，19（4）：366-373.

［80］杨中茂，许健，谢国华.东江流域上下游横向生态补偿的必要性与实施进展［J］.环境保护，2017，45（07）：34-37.

［81］李国平，刘生胜.中国生态补偿40年：政策演进与理论逻辑［J］.西安交通大学学报（社会科学版），2018，38（06）：101-112.

［82］樊胜岳，徐裕财，徐均，兰健.生态建设政策对沙漠化影响的定量分析［J］.中国沙漠，2014，34（03）：893-900.

［83］赵雪雁，李巍，王学良.生态补偿研究中的几个关键问题［J］.中国人口·资源与环境，2012，22（02）：1-7.

［84］尚海洋，张志强.石羊河流域武威市水资源社会化循环评估［J］.干旱区资源与环境，2011，25（07）：57-62.

［85］郑德凤，臧正，孙才志.改进的生态系统服务价值模型及其在生态经济评价中的应用［J］.资源科学，2014，36（03）：584-593.

［86］李国平，李潇，萧代基.生态补偿的理论标准与测算方法探讨［J］.经济学家，2013（02）：42-49.

［87］王国栋，王焰新，涂建峰.南水北调中线工程水源区生态补偿机制研究［J］.人民长江，2012，43（21）：89-93.

［88］戴君虎，王焕炯，王红丽，陈春阳.生态系统服务价值评估理论框架与生态补偿实践［J］.地理科学进展，2012，31（07）：963-969.

［89］徐劲草，许新宜，王红瑞，王韶伟.晋江流域上下游生态补偿机制［J］.南水北调与水利科技，2012，10（02）：57-62.

［90］王爱敏，葛颜祥，接玉梅.水源地保护区生态补偿主客体界定及其利益诉求研究［J］.山东农业大学学报（社会科学版），2017，19（03）：35-41+119.

［91］杨璐迪，曾晨，焦利民，刘钰.基于生态足迹的武汉城市圈生态承载力评价和生态补偿研究［J］.长江流域资源与环境，2017，26（09）：1332-1341.

［92］马永喜，王娟丽，王晋.基于生态环境产权界定的流域生态补偿标准研究［J］.自然资源学报，2017，32（08）：1325-1336.

［93］Maynard Smith,J.The Theory of Games and the Evolution of Animal Conflict［J］.Journal of Theoretical Biology,1974,47(1):209-221.

［94］《广东省东江流域水资源分配方案》（2008）

［95］《东江源生态环境补偿机制实施方案》（2005）

［96］《广东省东江流域深化实施最严格水资源管理制度的工作方案》（2011）

［97］《广东省水污染防治行动计划实施方案》（2015）

［98］《广东省水权试点方案》（2015）

［99］《广东省水权试点自评估报告》（2018）

［100］《广东省统计年鉴》

［101］《广东省水资源公报》

［102］《广东省国民经济和社会发展统计公报》

［103］《广东省东江流域规划修编报告》

［104］《广东省东江流域综合规划修编报告》

［105］《广东省东江水系水质保护条例》

［106］《广东省东江西江北江韩江流域水资源管理条例》

［107］《广东省土地利用现状汇总表》

［108］《珠江流域水资源保护规划》

［109］《江西省统计年鉴》

［110］《广东省水权试点技术评估报告和技术评估意见》

［111］《广东省水权试点验收意见》

［112］《广东省水权交易协议》

［113］《广东省人民政府办公厅关于珠江三角洲水资源配置》

［114］《工程用水总量控制指标的复函》